孩子可能
在求救

青少年抑郁家庭自救指南

路茗涵 编著

人民邮电出版社

北京

图书在版编目（CIP）数据

孩子可能在求救 ：青少年抑郁家庭自救指南 / 路茗涵编著. -- 北京 ：人民邮电出版社，2025. -- ISBN 978-7-115-65641-4

Ⅰ．B842.6；G782

中国国家版本馆 CIP 数据核字第 2024PF7978 号

内 容 提 要

您是否疑惑孩子为何突然失去活力，对事物失去兴趣？您是否注意到孩子的情绪逐渐低落，却无从下手？面对孩子种种令人困扰的表现，您是否感到无助和焦虑？您的家庭是否也笼罩在"抑郁"的阴霾之下？本书旨在为您解答"孩子抑郁了，我该怎么办"的困惑，为您提供实用的指导和支持。

本书共四章。第一章带您正确认识抑郁症，深入剖析抑郁症的成因、表现及其对孩子学习和生活的多方面影响。第二章详细阐述了家长在孩子抑郁时应采取的紧急行动——看病就医，寻求合适的药物治疗和心理治疗，以及如何为孩子构建包括家庭、学校、社区在内的支持环境。第三章聚焦于长期陪伴孩子的策略，从情绪管理、自尊提升和积极行为培养等方面出发，为家长提供了具体且有效的陪伴和支持方法。第四章强调了家长自我照顾的重要性，提醒家长在关注孩子心理健康的同时，也需要关注自身的情绪和需求。

无论是正在为孩子抑郁问题寻找解决方案的家长，还是希望深入了解抑郁症知识的人群，本书都是您宝贵的参考资料。让我们一起为孩子的心理健康努力，为他们营造一个更加积极、健康、快乐的成长环境。

◆ 编　著　路茗涵
责任编辑　陈　晨
责任印制　马振武

◆ 人民邮电出版社出版发行　　北京市丰台区成寿寺路 11 号
邮编　100164　　电子邮件　315@ptpress.com.cn
网址　https://www.ptpress.com.cn
三河市中晟雅豪印务有限公司印刷

◆ 开本：880×1230　1/32
印张：4.75　　　　　　　　　　2025 年 5 月第 1 版
字数：178 千字　　　　　　　　2025 年 5 月河北第 1 次印刷

定价：45.00 元

读者服务热线：(010)81055296　印装质量热线：(010)81055316
反盗版热线：(010)81055315

前言

我们首先要面对一个令人不安的现实：全球范围内，抑郁症正在以我们难以忽视的速度影响着我们的孩子。据统计，全球有数以百万计的儿童和青少年正在与抑郁症做斗争，这一疾病正悄然剥夺他们的快乐，影响他们的学习和成长，甚至威胁到他们的生命。

在当今社会，为什么越来越多的孩子遭受抑郁症的困扰？这一现象是多种因素交织造成的，包括社会环境、家庭影响、学校压力，甚至是我们生活方式的改变。

我们的孩子生活在一个信息爆炸、竞争激烈、期望值高涨的时代。社会对他们的要求，比以往任何时候都要高。这些压力可能超出了孩子们的承受能力，导致他们感到不安、压抑和孤独。同时，家庭环境和亲子关系的变化也在影响着孩子们的心理健康。在忙碌的生活节奏中，父母可能难以找到足够的时间和精力来倾听和理解孩子的内心世界，这种情感上的缺失可能会加剧孩子的焦虑和孤独感。

我们提出这些问题，并不是为了寻找简单的答案或者将责任推卸给某个特定的因素。相反，我们希望通过这种诚恳的探讨，鼓励家长们更深入地了解影响孩子心理健康的复杂因素，从而更有针对性地支持和帮助孩子。根据最新的研究，抑郁症不仅会影响孩子的情绪，还会渗透到他们的学习、社交乃至未来的生活中。它是一种可以触及每个家庭、每个孩子的疾病，没有任何人是完全免疫的。

作为家长，发现自己的孩子可能正被这种隐形的病魔侵蚀，那种心情是多么的焦虑和无助。您可能会问自己：我该怎么办？我怎样才能帮到我的孩子？这种焦虑，正是每一位家长在面对孩子可能遭遇的心理挑战时共同的感受。

我们的目标是，通过这本书，让家长们意识到他们并不是孤军奋战。抑郁症虽然强大，但通过了解、关爱和正确的干预，我们完全有能力为孩子铺设一条康复之路。

本书并不复杂晦涩，尽量以通俗易懂的语言和家长进行交流，帮助遇到困难的家长厘清自己接下来的行动方向。

本书的结构清晰明了，共四章，每一章都围绕一个主题展开。第一章是认知方面的调整，希望家长能正确认识抑郁症，破除关于抑郁症的"迷思"和"谣传"，以科学的态度对待它，不要被错误的言论误导，不要夸大或轻视病情。第二章和第三章是关于行动路径的指导。第二章介绍如何就医、如何获取外界支持等，让家长有正确的就医观念和治疗观念。心理生病时，就医却往往变得异常困难，这里的困难不仅涉及病耻感和错误认知所带来的难题，还包括实际看病中家长不知道挂什么科室、找什么样的医生等各类盲区。第三章帮助家长了解该如何长期陪伴孩子，其中既包含了家长应如何调整教养方式，重新构建互动良好的亲子关系，给孩子提供心灵营养，也包含了针对抑郁症的康复策略、指导和注意事项等。前三章基本是在解答家长的疑惑，包括抑郁症是什么，为什么得了这个病，接下来该如何应对等。第四章的内容则是非常重要但又容易被我们忽略的——家长的自我关照。得知孩子生病后，家长的所有注意力往往都在孩子身上，而忽略了对自己的照顾，但要知道父母的状态决定了他们能够陪孩子走多远的疗愈之路，以及走的质量如何。因此，第四章是想提醒家长拿出一部分注意力放在自己身上，关爱自己，提升自己的状态，以更好地陪伴孩子。

本书定位为工具书，希望家长通过翻阅此书，能够以最快的速度了解"是什么、为什么、怎么办"，从而获得一剂"定心丸"。因此，很多章节中都加入了实操部分，帮助家长根据实操内容进行切实练习。毕竟，纸上得来终觉浅，亲身实践、体验和成长，才是最重要的。本书每章的最后一节都提供了一个工具类图表，家长可以自填自查，以此来回顾本章的重点精要。除了第一章的工具旨在帮助家长更好地识别抑郁症之外，其他三章的工具更侧重于让家长对比自己的认知变化和行为进展，了解自己所做和未做的，哪些措施对孩子或自己起到了效果，需要加强哪些方面，以及需要进行哪些调整。

抑郁症的科普工作一直在推进，我们深感每一位负责任的心理工作者都渴望将心理健康的相关概念更广泛地普及给更多人。我们坚信：能力纵然微小，但积沙成塔。虽有自身的局限，但希望保持初心，始终前行。让我们在面对抑郁症的路上一起同行！

目录

第三章

长期行动家庭篇：构筑心理安全岛　　61

第四章

家长心态急救篇：慌乱父母的定心丸　　127

后记　　152

第一章

我的孩子怎么了：

抑郁迷雾探寻

当孩子被抑郁困扰时，我们看到孩子出现很多令人担忧的状况，但我们依然一头雾水：孩子怎么了？他生病了吗？或只是情绪不稳定？什么是抑郁症？我们要怎么办？本章将带大家一起探寻抑郁迷雾：了解什么是抑郁症、抑郁症的表现和原因，以及抑郁症对孩子的危害。

最大的误解：是疾病还是太脆弱

"什么？孩子得了抑郁症？"抑郁症这个词近些年越来越多地被人们所熟知，但刚听到孩子可能抑郁了的父母，肯定一头雾水。抑郁是怎么回事？有人说，抑郁就是太矫情、太脆弱了，是被父母宠得没边了，所以孩子才这样；也有人说，这是很严重的精神疾病，会死人；还有人说……

然而这些观点都不准确，甚至有些是对抑郁症的极大误解。在本节中，我们就来破除这些误解，厘清什么是抑郁症，了解抑郁情绪、抑郁状态和抑郁症之间有什么区别，认清对抑郁的常见误解以及这些误解所带来的危害。

抑郁症是病吗

举例

小明是一个十三岁的初中生，最近几个月他变得越来越消沉。他曾经对学习和社交很感兴趣，但现在他总是心不在焉，对任何事情都提不起兴趣，上课时难以集中注意力。他的睡眠也越来越差，晚上经常失眠，白天却昏昏欲睡。他不再愿意和家人朋友聊天，甚至对平时喜欢的活动也提不起劲儿。他觉得自己毫无价值，对未来也感到迷茫。这些变化让小明的老师和家人感到担忧。小明的情况一天比一天严重……

各位家长，如果你的孩子碰到这样的情况，你会怎么想？怎么做？

- 孩子肯定是贪玩，不懂事，要教育教育他。

- 孩子正青春期呢，情绪变化大也是正常的，让他自己调整吧。

- 孩子是不是遇到什么烦心事了，找孩子聊聊。

- 孩子这样都持续几个月了，也没好转，是不是生病了，找专业的人问问。

很少有父母的第一判断会往生病方向考虑，更多的父母觉得这可能是心理状态的变化，也许干预一下，过一段时间就好了。而就是这种对心理疾病的不敏感，很可能使我们错过了发现孩子病情的第一时间。

抑郁症不是简单的情绪低落或感到伤心，也并非由于脆弱或软弱造成的，而是涉及生物化学、遗传因素及心理社会因素的综合影响。它是一种身心疾病，需要临床精神科医生的诊断。这种疾病会影响我们的大脑、情绪和行为。比如，使思维无法聚焦，所以孩子很难集中注意力；让人感受不到开心快乐，所以孩子消沉低落；使人缺乏做事的动力，所以孩子连自己喜欢的事情也不做了。

如果这时候，你对孩子说"你要乐观""不要沮丧""上课一定要集中注意力""晚上别胡思乱想，一定要好好睡觉"，是很糟糕的。就好比你重感冒了，不停地打喷嚏、流鼻涕、咳嗽，而你的爱人因为关心，而对你说"你别打喷嚏了""你别让自己流鼻涕了""你控制住咳嗽，就不难受了，你加油！"你听了会有什么感受？

当我们身体不舒服时，很自然地会想到去看病吃药，但我们心里不舒服时，却羞于问问专业的心理医生，羞于看病和吃药。当孩子陷入抑郁症的旋涡时，他正经历消极的思维，对生活失去兴趣，体力疲惫，不想吃、不想睡，甚至可能产生自杀的想法。这时他需要的是像身体生病时一样，看医生、吃对症的治疗药物，以及父母的精心照顾。

区分抑郁情绪、抑郁状态、抑郁症

虽然抑郁症会对人产生很大影响，但是我们也不必听到"抑郁"两个字就闻虎色变。在"抑郁"这条横轴上，依据抑郁的频率、程度、对生活的影响，可以粗浅地分为抑郁情绪、抑郁状态和抑郁症三种情况。

抑郁情绪：一种正常的情绪反应。人会有各种各样的情绪，如开心、愉悦、愤怒、别扭，它们随着生活中发生的事件而来，等事情过去后便消散。当孩子面对生活中不如意或遇到挫折时，会自然而然地感到情绪低落，这时的抑郁就像天空中的云彩，来了，但一会儿就走了。

抑郁状态：抑郁情绪在一段时间里频繁出现或者迟迟无法消解。比如一个人的亲人去世后，他的悲伤往往持续很久，我们会说"他这段时间心情都不好"，这就是形容一种状态。抑郁状态中的孩子总是处于低落情绪之中，但这个时候，抑郁还不是病理性的，没有对孩子的生活和学习造成严重影响，通常可以随着时间推移或他人的开解而消失。但如果持续严重化，则可能转变为抑郁症。

抑郁症：病理性的、严重的心境障碍，是需要专业医生临床诊断的。这时的抑郁像一只怪兽一样会对孩子的生活和学习造成严重影响，且它不会自己消失，需要专业医生的治疗和家长的干预。

对抑郁症的常见误解及其危害

对抑郁症的误解很常见。让我们来揭示一些常见的误解，并了解这些误解所带来的危害。

误解 1

抑郁症只是孩子的一种情绪问题，给孩子调整一下情绪就可以了。

正解：抑郁症患者的情绪状态不是我们嘴上说说就能调整的，不然那些心理专家是做什么的呢？患者的情绪问题是受多方面影响的，其中包括了大脑的神经递质，这可不是靠个人意志能改变的。

误解 2

抑郁症就是孩子心态太脆弱导致的。

正解：患了抑郁症绝不意味着是孩子太脆弱。抑郁症是病理性的，而非简单的意志力薄弱产生的。孩子生病了，需要照顾，而不是需要"坚强"。

误解 3

抑郁症可以自己疗愈，可以靠意志力和积极的态度解决。

正解：虽然积极的态度、良好的心理健康和习惯可以帮助缓解抑郁症的症状，但抑郁症需要专业的治疗和支持，只依靠自我调节不能完全摆脱。

误解 4

抑郁症就是精神病，正常人都要远离。

正解：夸大了。抑郁症虽然是一种精神疾病，但远不是常人口中的"精神病"。精神病人通常缺乏自知力，分不清幻想和现实。而抑郁症患者则是严重缺乏生活动力，但不是"疯掉了"，他们的自知力完全没有问题，通过干预和治疗，可以像其他人一样好好生活。

误解带来的危害

● 误解会导致对孩子的不理解和指责，加重他们的负担和孤立感，这可能进一步加剧他们的症状和痛苦。

● 误解还会妨碍抑郁症的早期识别和治疗，延误孩子获得帮助和康复的最佳时机。

● 误解会加重家长和孩子的心理负担、病耻感，无法更有效地获得外界的支持。

● 如果不治疗，会增加未来更长时间和更严重的抑郁发作的风险。儿童和青少年时期未经治疗的抑郁症甚至会带来自杀的风险。

因此，家长们需要正确认识抑郁症，消除这些误解。我们要明白，抑郁症是一种疾病，而不是孩子脆弱。了解这一点，将有助于家长们为孩子提供必要的支持和理解。同时，及早寻求专业的心理健康支持和治疗，对孩子的康复至关重要。与心理专家合作，制定个性化的治疗方案，并有计划地执行，为孩子走出抑郁的阴影提供关键的支持。

如何判断：抑郁症的症状表现

当孩子有抑郁表现时，作为家长，我们怎么判断孩子是抑郁情绪、抑郁状态还是生病了呢？虽说抑郁症的诊断是医生的责任，但作为家长，我们很重要的一项任务就是了解如何判断和识别抑郁症的信号，做到在孩子生病时早发现早干预。本节我们一起来看一下，孩子如果得了抑郁症会有怎样的症状表现。

抑郁放大器——教你识别抑郁症信号

当一个人被抑郁症纠缠时，会在身体、情绪、思维、行动上有所反映。我们可以从以下几个层面观察孩子的变化。

身体

食欲改变。孩子可能出现食欲增加或减少的情况，导致体重的变化。

睡眠问题。孩子可能出现入睡困难、失眠、早醒、噩梦等睡眠问题。

身体不适。孩子可能出现头痛、腹痛、背痛等不适症状，但没有明显的身体疾病。

情绪

持续的情绪低落。孩子经常表现出长时间的情绪低落，可能有过多的哭泣，长期处于悲伤或沮丧情绪。

自卑感和自责。孩子可能表现出过度的自卑感，感觉没有价值，对自己过分苛责、感到内疚。

情绪波动。孩子可能经历情绪波动，情绪变化剧烈，早期可能会因小事发脾气，容易烦躁、易怒。

思维

注意力和记忆力问题。孩子可能难以专注于学习或其他任务，难以集中注意力，还可能出现记忆力下降的情况。

行动

兴趣和活动减少。孩子对曾经热爱的事物或活动失去了兴趣，不再参与社交活动或拒绝与他人互动。

自伤行为、自杀意念。有肢体上的自伤自残行为，甚至出现自杀意念和计划。

由于儿童和青少年特殊的发展阶段，他们的抑郁症与成年人的抑郁症在外在表现上存在一些区别。以下几个方面我们可以重点关注，以便更好地判断孩子是否出现抑郁症的信号。

表达方式。儿童通常难以准确表达自己的情绪，无法清晰地描述自我感受，他们可能通过行为问题，如反叛、挑衅或退缩来表达内心的困扰。

生理症状。相比成年人，儿童更可能出现各种生理症状，如头痛、腹痛等，而无明显的身体疾病。

社交问题。儿童抑郁症可能导致他们与同龄人的互动减少，表现为自我封闭，社交问题可能更为突出。

学业问题。儿童抑郁症可能导致注意力不集中，成绩下降，对学习失去兴趣。

孩子年龄段不同，陷入抑郁时表现也有些许不同。下面提供两个年龄段的表现供家长参考。

8—11岁

- 频繁的忧虑想法
- 难以与父母分离（哭泣、依赖）
- 经常哭泣（一天中超过一半的时间，至少持续2周）
- 入睡困难
- 明显的食欲减退
- 出现身体攻击行为

- 没有朋友或者认为没人喜欢他们
- 大部分时间会表现出喜怒无常、爱发脾气
- 对自己作出消极评价（我很笨，我很丑，我什么都做不好）
- 自残（打伤自己，割伤自己）
- 会表达希望自己死了或者经常谈论死亡

12岁以上

- 入睡困难
- 明显的食欲减退
- 经常哭泣（一天中超过一半的时间，至少持续2周）
- 易怒（一天中超过一半的时间，持续至少2周）
- 对他们过去喜欢的东西缺乏兴趣
- 大部分时间都是独自一人或者打电话
- 成绩下降
- 出现身体攻击行为
- 体重显著增加或减少
- 难以集中注意力
- 频繁的忧虑想法
- 对自己作出消极评价（我很笨，我很丑，我什么都做不好）
- 自残（打伤自己，割伤自己）
- 会表达希望自己死了或者经常谈论死亡

如果孩子有上述症状中的2～3种，并持续2周以上，家长就要高度重视孩子的身心状态了，多观察孩子的情绪变化。以下3个方面可以帮助家长进一步判断孩子是正常的抑郁情绪还是严重抑郁。

情绪与情景不匹配。 比如孩子被批评了，难过是正常的。但如果孩子一直哭，和老师批评的程度极不匹配，就需要格外关注。又或者，碰到高兴的事，却也觉得难过伤心。

持续时间长。 一般情况下，一些情绪和身体的变化都是正常的。但如果上述症状中的现象持续2周以上，且一天中大部分时间都如此，就需要格外注意了。

严重影响学业、社交。 一般负面情绪也会影响孩子，但影响程度不大。当孩子的抑郁失落严重影响到学习成绩或与朋友的正常交往时，需要格外注意。

隐形杀手——警惕微笑抑郁症

如果说上面的症状还是我们稍微用心便可观测到的，那有一种抑郁症就比较可怕了，它像一个隐形的杀手躲在孩子背后，往往是出事后（孩子发生严重事故）我们才能知道，它就是微笑抑郁症——又被称为"假面抑郁症"，是指患者外表上看似开心、快乐，但内心却经历着沮丧、消极和抑郁等情绪。

微笑抑郁症的孩子往往会隐藏自己的真实情感，戴上一副面具，给人留下"一切都好"的假象。微笑抑郁症常常被忽视，因为很多人通常认为"爱笑的孩子不会抑郁"。但事实上，他们内心的苦闷被掩盖住了。

为什么有的孩子会戴上微笑的"假面"呢？

过于在意社会评价。 孩子对社会期望比其他人更敏感，害怕他人不好的评价，认为需要保持快乐和积极的形象。

过分在意他人感受。 不希望麻烦别人，不想给别人带来不好的感受。希望通过微笑来转移他人的注意力，使他人无法发现自己内心的痛苦和抑郁。

自我价值感低。无法接纳真实的自己和真实的负面感受，更不相信他人可以接受这样的自己，用"微笑"维持"一切还好"的假象。

微笑抑郁症可能导致孩子无法真实地表达自己的情感，内外状态的不一致增加了他们承受内心痛苦的负担。而这种隐蔽性使得微笑抑郁症在青少年中更容易被忽视或被误解。

那家长如何能及时发现孩子的"微笑面具"呢？也许家长可以从以下几个方面来识别孩子微笑抑郁症的迹象。

情绪变化。密切观察孩子的情绪变化，包括情绪低落、易怒、情绪波动等。孩子在表面上保持微笑，但这种微笑似乎与他们的情绪不一致。他们的微笑往往只停留在嘴角，而不是内心的愉悦。

社交行为。注意孩子的社交行为是否发生了变化。如果他们与他人变得疏远，总是避免与他人交流或变得过度沉默，这可能是他们在试图隐藏内心的痛苦。

睡眠和饮食变化。抑郁症可能导致睡眠和饮食习惯的改变。家长应密切关注孩子是否出现失眠、食欲改变或明显的体重变化等情况。

学业表现。抑郁症可能影响孩子的学业表现。如果孩子出现学习成绩明显下降、注意力不集中或对学习失去兴趣等状况，这可能就是警示信号。

身体症状。注意孩子是否出现身体症状，如头痛、胃痛、疲劳等。抑郁症常常伴随着身体上的不适感。

压力过大。孩子会要求自己表现得完美无瑕，对自己过于苛责。他们害怕失败，害怕让父母失望，所以在外表上努力保持微笑，以掩饰内心的不安。

如果家长观察到以上迹象，可以寻求专业的心理专家的帮助。专业人士能够进行全面评估，并提供适当的建议和治疗方案。尽早识别和干预对于帮助孩子克服抑郁症非常关键。另外，家长也要与孩子建立开放、支持性的沟通渠道，鼓励他们表达内心的感受和困扰，同时倾听孩子的需求和担忧，更好地了解他们的心理状态（详见第三章）。

其他的提示和建议

青少年抑郁症可能与焦虑、破坏性行为障碍或注意缺陷障碍并存。比如一个患有抑郁症的孩子也可能对家人和同学表现出攻击性的行为，包括打砸东西、辱骂他人等。这种破坏性行为可能是他无法有效应对内心痛苦和情绪压力的一种表达方式。

当你不确定孩子的情况是否在合理范围时，可以安排一次专业医生的面诊，医生可以帮助你判断。

即使孩子的情况不严重，但如果他们表现出不开心的反应时，请家长多花时间陪伴孩子。即使每天只有5分钟，但全神贯注做这件事，也会产生巨大的影响。顺应孩子的需求，支持他们做想做的事情，这对孩子的健康成长非常重要。

谁之错：探寻孩子抑郁背后的原因

一旦孩子患上抑郁症，家长就会担忧和不安，常常会问："孩子为什么会这样？""这个病为什么会落到我的孩子身上？"甚至会忍不住自责："是不是我做错了什么导致孩子这样？"

家长往往希望了解抑郁症的明确病因，在复杂的病情面前掌握一些确定感，也希望找到"罪魁祸首"，恨不得一举消灭孩子身上的病症。然而事情却没有那么简单，抑郁症不是单一因素导致的。如果把我们的身心比喻为城池，抑郁症则是攻城的敌军，那么它想攻破城池也不是一两天的事情，也需要"天时、地利、人和"的攻坚战。所谓"冰冻三尺，非一日之寒"，那么它是如何攻占我们孩子的身心健康的呢？本节我们一起探寻孩子抑郁背后的原因，看看这场交战中的重要因素。

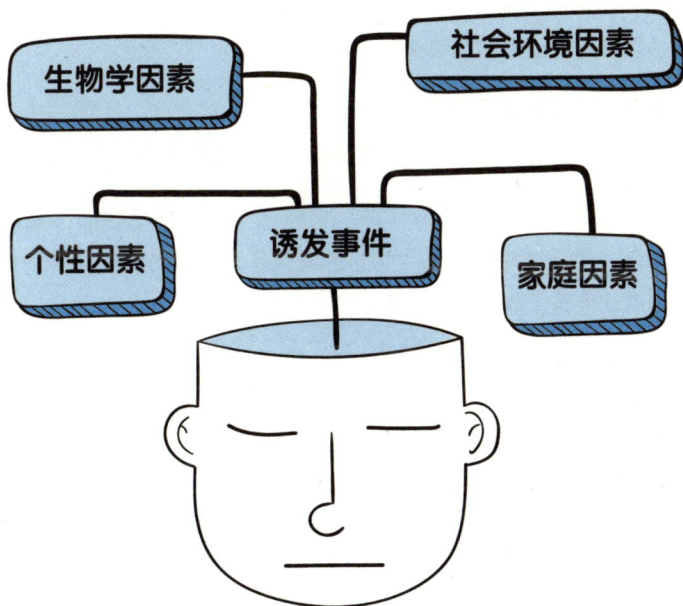

生物学因素

社会环境因素

个性因素

诱发事件

家庭因素

生物学因素

抑郁症的发病涉及多种生物学因素，包括遗传因素、神经化学物质的不平衡以及大脑结构和功能的变化。

遗传因素。 研究表明，抑郁症在家族中具有一定的遗传倾向。家族内有抑郁症史的儿童患抑郁症的可能性是普通儿童的8～20倍，且血缘关系越近，发病概率越高。但遗传因素只是一种易感因子，而不意味着孩子一定会得抑郁症。

神经化学物质的不平衡。 大脑中的神经递质（如血清素、多巴胺和去甲肾上腺素）的不平衡可能会导致情绪调节的问题，从而促发抑郁症。例如，5-羟色胺（5-HT）又名血清素，是一种抑制性神经递质，可以让大脑感到"快乐"，能抑制忧郁、促进褪黑素合成、改善睡眠质量等。5-羟色胺的匮乏会让人陷入低落和焦虑的情绪。

大脑结构和功能的变化。 近年的神经影像学研究发现，抑郁症患者的大脑结构和功能存在一些异常。例如，前额叶和杏仁核等部位的异常活动可能导致情绪调节失调，从而增加抑郁症的风险。

患有慢性或严重疾病的儿童患抑郁症的风险更大。比如孩子身体有残疾，他的学习、生活、人际交往、心理都会受到影响。

这些生物学因素的共同作用，使得孩子更容易受到抑郁症的影响。然而，需要注意的是，生物学因素只是抑郁症发病的其中一个方面，还有其他因素需要同时考虑。

个性因素

每个孩子都有自己独特的个性特点，这些特点可能会对他们的情绪产生影响。

小明是一个天性敏感的男孩，对于他人的评价和自身的表现非常在意。当他遇到学业上的挑战或者面临社交压力时，他可能会陷入抑郁情绪。

丽丽非常内向，不善于表达自己的情感和需求。当面临困惑或者负面情绪时，她往往选择独自承受，不愿向他人寻求帮助。这种应对方式可能会导致她内心的压力逐渐积累，最终导致抑郁的发生。

这些例子告诉我们，个性因素对于孩子抑郁是有一定影响的。有些孩子可能更容易受到外界压力的影响，更容易感到沮丧和无望。但请记住，这并不意味着孩子的个性不好，任何一种特质在不同环境中都有利有弊。比如高敏感的孩子在艺术上更具天赋，对环境变化、人际氛围更敏锐；有完美主义倾向的孩子往往自我要求高，做事更认真负责。

我们可以通过了解孩子的个性特点和应对方式，帮助他们建立积极的自我认知和应对策略，也尽量给予孩子更具适应性的环境，促进孩子个性的正向发展（详见第三章）。

只能说有些个性（见下图）更具抑郁易感性，我们可以更加关注一些。

敏感脆弱　　完美主义倾向

悲观主义　　自卑

"事事隐忍"　　高道德准则

家庭影响因素

家庭是孩子成长的重要环境，孩子年龄越小，家庭对孩子的影响越大。家庭成员之间的亲密关系、家庭氛围以及父母的教养方式都会对孩子的情绪产生影响。

举例

小鹏的父母总是吵架，相互指责对方。小鹏每次一回到家，高度紧张的气氛就压得他喘不过气，面对这样的局面，小鹏感到无助、委屈，却无人诉说。有时候在学校里，他也无心听课，总是担忧父母。慢慢地，小鹏的情绪越来越低落，干什么都不开心……

举例

佳佳的父母从小对她要求极高，经常对她的成绩进行严格评判，时常批评和责备，却很少夸奖她。佳佳感到自己无法达到父母的期望和标准，觉得自己一无是处，无论多么努力，都无法得到认可和赞赏。渐渐地，佳佳开始觉得沮丧、无望和自责……

紧张的家庭关系（父母关系、亲子关系、隔代关系）、激烈的家庭冲突等，会给孩子制造一种紧张焦虑的环境，孩子长期处于一种恐惧、无助、没有安全感的心理之中，容易形成慢性心理创伤，增加抑郁发作风险。

而不恰当的家庭教养方式，会让孩子时常感到缺乏理解、接纳和支持，导致孩子陷入自责、沮丧、低自尊的心理状态，也会增加抑郁发作风险。

那么，容易导致抑郁的教养方式有哪些呢？

过度严厉或苛刻、冷漠或忽视、过度保护、缺乏情感表达和沟通、不尊重孩子的感受和需求……这些都需要家长有则改之，无则加勉。

社会文化因素

随着社会工业化的发展，生活节奏加快，社会压力增大，这些看似和孩子关系不大，其实正在通过父母、学校老师、亲人朋友等孩子接触到的人际圈子，以一种无形的方式传递给孩子。

巨大的学业压力

家长、学校老师过分关注学习。孩子面临着巨大的学业压力——需要优异的成绩，需要多才多艺，需要出类拔萃。这种过度追求完美和成功的压力可能会使孩子感到沮丧和无望，导致他们出现抑郁症状。

价值观冲击

社交媒体发展迅速，社交媒体给了孩子们展示自己的机会，但同时也给他们带来了巨大的社会压力和焦虑。孩子们可能会产生一种不切实际的比较：别人是优秀的，自己是丑小鸭。

社会期望和文化价值观对于孩子的心理健康会产生直接影响。我们应积极地关注和引导孩子在这样的环境下建立正确的自我价值认知。在焦虑的社会氛围下，家长要有力量帮助孩子构建一个舒适的、适合孩子成长的小生活圈。

诱发事件

如果一个孩子身上聚集了上述的多种因素，那么他便属于抑郁的易感人群了。此时，一旦在生活中遭遇压力事件，他就不能像其他孩子那样有足够的抗压能力。这类压力事件我们称为诱发事件，它们往往是压死骆驼的最后一根稻草。研究表明，在抑郁发作前，92%的患者都经历过诱发性的生活事件。

青少年常见的压力事件

学业压力。过强的学业压力、考试焦虑。

社交困难。遭受欺凌、排斥、孤立或在社交方面出现问题。缺乏支持和理解的社交环境，会增加青少年抑郁症的风险。

生活变故。突发的生活事件，如失去亲人、重大变故、父母离异、搬家、转学等，可能对青少年的心理造成冲击，导致抑郁症的发生。

自我形象和身体问题。自尊心受损、对自身外貌的不满、饮食失调等，也是青少年抑郁症的常见诱发因素。

没有人的人生是一帆风顺的，我们要培养孩子面对困难的信念和解决困难的能力。而这种品质和能力的培养，需要家长在孩子的成长过程中，及时发现他们的一次次困难，和孩子一起面对和处理。诱发事件之所以像炸弹一样让孩子陷入抑郁，是因为在这个诱发事件之前，孩子内心早已经历了一次又一次心理上的无助、迷茫、焦虑、纠结、失落、孤独，内心早已植入了错误的信念（我不行、我不好、我不配），才会在碰到诱发事件时突然一蹶不振。诱发事件只是孩子抑郁发作的导火索，并不是决定因素。

孩子抑郁的原因分析

　　家长可以按照下表，从各个维度对照孩子的情况并写下来。我们对孩子的情况了解得越客观越透彻，就越能对症下药，和专业人员一起制定更合适孩子的干预方案。

生物因素　　家族成员精神病史情况：＿＿＿＿＿＿＿＿＿＿＿

　　　　　　　孩子身体发育情况，有无重大疾病：＿＿＿＿＿＿＿

个性因素　　孩子个性如何：＿＿＿＿＿＿＿＿＿＿＿＿＿＿

　　　　　　　孩子的兴趣爱好：＿＿＿＿＿＿＿＿＿＿＿＿＿

家庭因素　　家庭氛围如何：＿＿＿＿＿＿＿＿＿＿＿＿＿＿

　　　　　　　夫妻关系情况：＿＿＿＿＿＿＿＿＿＿＿＿＿＿

　　　　　　　亲子关系情况：＿＿＿＿＿＿＿＿＿＿＿＿＿＿

　　　　　　　孩子从小由谁抚养，抚养情况如何（0~12岁）：

　　　　　　　＿＿＿＿＿＿＿＿＿＿＿＿＿＿＿＿＿＿＿＿＿

学校环境　　孩子交友情况：＿＿＿＿＿＿＿＿＿＿＿＿＿＿

　　　　　　　孩子和老师的关系：＿＿＿＿＿＿＿＿＿＿＿＿

压力因素　　孩子面临的压力和困扰：＿＿＿＿＿＿＿＿＿＿

　　　　　　　最近发生了什么事引发孩子情绪波动：＿＿＿＿＿

　　　　　　　＿＿＿＿＿＿＿＿＿＿＿＿＿＿＿＿＿＿＿＿＿

乌云密布的生活：看见抑郁的影响

16岁的小明曾经是一个充满活力和朝气的孩子，然而，一年前父母关系的破裂和高中学业的压力让小明感到越来越窒息。渐渐地，他开始变得沉默寡言。家长一度认为这只是小明适应离异所带来的情绪压力的过程。

曾经成绩优秀的小明开始遇到学习上的困难，上课时常昏昏欲睡，或者无论如何都无法集中注意力，随后频繁请假、缺课。他的成绩直线下滑，老师和同学们对他的变化感到困惑。

同时，他渐渐地与朋友们疏远，不再参加社交活动，拒绝与同学们一起玩耍。他感觉自己仿佛与大家越来越远，深感孤独。曾经热爱的绘画、音乐和体育活动再也无法唤起他的兴趣。他仿佛对所有事物失去了热情，整天窝在房间里，深陷消极的思绪中。这种情况让小明自责不已，但自己又无能为力，他还认为自己不值得任何人爱，觉得自己成了父母的累赘。

然而，家长并没有及时意识到小明这些变化的严重性。直到有一天，小明决定跳楼自杀，幸好被老师及时发现并阻止。这一事件差点酿成不可挽回的悲剧，让小明的父母意识到小明可能已经患上了抑郁症，他们迅速寻求了专业帮助。

抑郁症是一种常见的心理健康问题，尤其在青少年中的发生率逐渐增加。然而，很多家长对于抑郁症对孩子的影响和危害了解不足，缺乏重视。

青少年抑郁症的概率

有时我们会误认为抑郁症离我们的孩子很远，但随着生活和工作的节奏加快，社会竞争急速加剧，国民心理压力大大增加，作为全社会的关注重点——学生群体，心理健康问题日益突出，且呈低龄化趋势。那么，你知道有多少这样的"小明"存在吗？

根据《中国国民心理健康发展报告（2019～2020）》，2020年，青少年抑郁检出率为24.6%，其中重度抑郁为7.4%。检出率随着年级的升高而升高，小学阶段的抑郁检出率为10%左右，其中重度抑郁的检出率为1.9%～3.3%；初中阶段的抑郁检出率约为30%，重度抑郁的检出率为7.6%～8.6%；高中阶段的抑郁检出率接近40%，其中重度抑郁的检出率为10.9%～12.6%。

《2022年国民抑郁症蓝皮书》数据显示，我国抑郁症人数已达到9500万人，其中50%的抑郁症患者为在校学生；18岁以下的抑郁症患者占抑郁症总人数的30%，即2850万人左右。

根据这样的数据推算，假设一个班级（初中）有50人，可能有12～13人检出抑郁，其中重度抑郁就可能有4～5人，而重度抑郁有很高的自杀风险。

你还觉得抑郁症是离孩子很遥远的事情吗？

对青少年的危害

抑郁是青少年中最常见的一种心理健康问题，是自杀的重要风险因素，也会对青少年的认知、社交、学业等多方面发展产生消极影响。它的影响不仅仅是情绪低落，以下是一些常见的影响和危害。

学业下滑。抑郁症会像一只看不见的幽灵之手，紧紧抓住孩子们的注意力，使他们无法集中精力。所以抑郁症常常伴随着注意力不集中、记忆力减退等症状，使得孩子连基本的上课、作业任务也无法完成，从而成绩下滑，接着感到受挫和无助，失去学习的信心。

社交退缩。抑郁症像一道无形的墙壁，隔离了孩子与他人的联系。孩子会感到孤独、无助和不被理解，这可能导致他们与家人和朋友的关系变得紧张。他们可能逐渐退缩，不愿意参与社交活动，与同龄人的交往减少。孩子渴望和别人联结却打不破这个墙壁。这进一步加重了他们的孤独感和自我负面情绪。

身体机能受损。抑郁症像一场风暴，席卷孩子的身体。患有抑郁症的孩子可能经历睡眠问题，如失眠或过度睡眠。他们可能出现食欲改变的情况，如食量减少或过度进食。长期来看，这些身体问题可能导致体重波动、营养不良和疲倦无力。这场风暴让孩子身体变得虚弱，他渴望恢复健康却被困在风暴中。

自尊受损。抑郁症像一只啃食孩子心灵的恶魔，让孩子对自己产生消极的看法，认为自己没有价值，不配被人喜爱，甚至极其厌恶自己。这会导致他们的自尊心和自信心极度受损，影响他们的自我价值感。

情绪受损。抑郁症会像一只可怕的怪兽，吞掉孩子的愉悦、兴奋、憧憬、激动、渴望等一切积极情绪。他们常常感到沮丧、悲伤、无助和绝望，更别提参与到兴趣爱好之中。这还不是最可怕的，有时他们会失去一切情绪感知能力，连痛苦的情绪也被吞噬，无法触碰到真实的世界、无法协调情感。

自残和自杀风险。抑郁症是自残和自杀的危险因素之一。患有抑郁症的孩子可能感到无助、绝望和自卑，认为生活没有希望，他们可能出现自杀意念和自残行为，尤其是重度抑郁患者。因此，对于青少年，抑郁症的早期识别和干预至关重要，以预防潜在的自杀风险。

抑郁症如幽灵般悄无声息地困扰着青少年，悄悄地啃噬着他们的心灵，侵袭着他们的情绪、注意力和身体健康；也如乌云紧紧盖在青少年的心头，使他们难以避开，孤独、无助地留在阴影中。

然而，也请记住，抑郁症是可以治疗的。就像太阳穿透乌云一样，专业的治疗和支持可以帮助孩子战胜抑郁症。家人、朋友和学校的支持就像一把伞，为他们遮风挡雨，给予温暖和安慰。

父母的重要性

当抑郁症悄然包围孩子时，家庭发挥着至关重要的作用。如同孩子要和一头从未见过的怪兽作战，如果父母以更强大的形象站在孩子身边一起战斗，可想而知，这比孩子孤军奋战要好多少。这个过程中，父母发挥的作用越积极有效，越能早日结束这场艰难的战争。以下是父母在这场战役中重要性的体现。

早期识别。父母能否及时察觉孩子的异常，对孩子的病情走向有着很大的影响。研究显示，超过一半的孩子在症状出现半年多之后才就诊，"早发现，早治疗"非常重要。父母不要忽视一些迹象，将其归因于孩子不爱学习、青春期叛逆或意志力薄弱等问题。

寻求专业帮助。家长应该意识到抑郁症是一种需要专业干预和治疗的疾病，应该主动寻求专业意见，带孩子去医生那里进行评估和治疗。家长的积极参与和合作可以提高治疗的效果。

提高自身认知。家长可以通过学习，更多地了解抑郁症的特点和症状，更好地支持孩子。

创造积极的家庭环境。家庭环境对青少年的心理健康至关重要。家长可以营造积极、稳定、温馨的家庭氛围，鼓励孩子参与活动、培养兴趣爱好，同时提供适当的支持和指导。

父母在孩子抑郁症治疗过程中的参与和支持至关重要。父母的爱和关心就像黑暗中的火炬一样，能引导孩子积极面对抑郁症，坚定地走出困境，健康成长。希望每一个深陷泥泞的孩子都能有父母的搀扶和陪伴，获得勇往直前的力量。

工具：抑郁识别表

如果家长担心自己的孩子可能患有抑郁症，可以通过本章的内容，并结合表格与孩子的行为一一对照。您可以根据平时的观察结果以及与孩子的沟通，勾选表中的相关项，以进一步做出判断。

在过去两周内，孩子被以下问题困扰的频率如何？

	一点也不	几天	一半以上的日子	几乎每天
1. 情绪变化：孩子可能表现出长时间的沮丧、悲伤、情绪低落或易怒				
2. 兴趣丧失：孩子可能对以往喜欢的活动或爱好失去兴趣，并且不再参与其中				
3. 睡眠问题：孩子可能出现失眠、睡眠不深或睡眠过多等问题				
4. 食欲变化：孩子可能出现食欲减退或过度进食的情况				
5. 能量减退：孩子可能变得疲倦、无精打采，且缺乏能量				
6. 自我否定：孩子常感到自责或无价值感，出现自卑或自我贬低的言辞以及绝望感				
7. 注意力和记忆力问题：孩子可能在学习或其他任务上出现注意力不集中和记忆力减退的问题				
8. 社交退缩：孩子可能开始回避与朋友和家人的互动，出现社交活动的退缩；也有可能出现反常攻击行为				
9. 身体症状：孩子可能出现头痛、胃痛、身体不适等身体上的症状，但没有明显的生理原因				

	一点也不	几天	一半以上的日子	几乎每天
10. 自残或自伤：可能出现自残行为或自杀想法；有可能谈论死亡，赠送（或谈论赠送）喜爱的物品，写告别信等				

并非所有上述症状都出现才可能是抑郁症。大多数症状要持续至少2周，并且在2周内的大多数时间出现，才符合抑郁症的可能性。请注意，这个表仅供参考，不能用于诊断，抑郁症的诊断和评估应该由专业人士进行。然而，它可以帮助您和孩子快速觉察和关注各个方面的状况变化，以便尽早识别，及时采取措施。

此外，还有一些工具可以作为参考。

儿童抑郁量表（CDI）。适用于7～17岁的儿童和青少年。

汉密尔顿抑郁量表（HAMD）。适用于年龄较大的青少年。

这些评估工具通常由专业人员在临床环境中使用。量表只是其中的评估工具之一，专业人士将综合考虑多个因素，包括症状、家庭背景、发展阶段等，以做出准确的诊断并提供个性化的治疗建议。

第二章

即刻行动专业篇：

看病就医

　　当发现孩子陷入抑郁的旋涡之中，父母心急如焚，焦虑不已。这个时候父母该做什么？或者说，父母如何立即行动起来，为孩子的病情治疗采取最有效、最有利的措施？本章将从医院就医和社会支持系统两个角度说说家长在得知孩子有可能患有抑郁症时，第一时间能做什么、要做什么。

寻求专业帮助——医院就医

当孩子身体不舒服时，我们第一反应是带孩子去医院看病。当孩子心理生病时，我们同样应该第一时间去医院就医！从我们发现孩子可能患有抑郁症到就医一般会经历以下几个步骤。

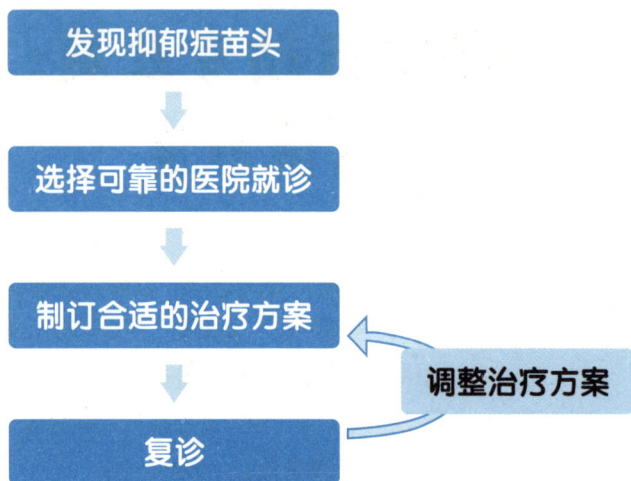

```
发现抑郁症苗头
    ↓
选择可靠的医院就诊
    ↓
制订合适的治疗方案  ←  调整治疗方案
    ↓
复诊
```

在这个过程中，家长往往会遇到很多疑惑。因此，本节总结了常见的困惑，并提供了解答，以便家长们更好地理解和应对就医过程。

发现孩子可能患有抑郁症

尽管我们在第一章中详细讨论了如何识别孩子是否抑郁，似乎家长通常是第一个发现孩子抑郁的人。然而，在现实中，往往是孩子主动告知家长他们需要看病，或者是学校老师通过学校的心理健康筛查发现孩子可能存在心理健康问题。这时，请重视孩子或学校老师传达的就医信号，哪怕这个信号很"委婉"！

孩子对抑郁的认知。 随着近些年心理学相关知识的普及，孩子在接触心理疾病、抑郁症、强迫症等概念时，反而比父母更具开放性和包容性。许多怀疑自己患病的孩子会主动上网搜索相关信息。有些孩子会主动要求父母带自己就医。

学校心理健康测评。 近年来，国家出台相关政策，要求建立和完善学校心理健康监测评估体系，以便及时干预青少年心理健康问题，越来越多的学校开始实施心理健康普查。学校会在测评后根据孩子的心理健康等级采取相应的关注和处理措施，并及时告知家长。有时学校会明确告知家长带孩子去医院就医。

选择医院

为什么一定要去医院？

专业人士可以做出专业的评估诊断。有些疾病如双相情感障碍、焦虑症等和抑郁症有很多相似之处，医生根据孩子表现出来的症状可以准确判断孩子的病症。再者，抑郁症有轻度、中度或重度的程度区分，不同程度的抑郁症治疗也不一样。

除了专业的诊断，医师也会根据孩子的综合情况制定个性化的治疗方案。

小提示

抑郁症，即使是最严重的病例，也是可以治疗的。越早开始治疗，效果越好。

对于轻度至中度抑郁症，认知行为疗法（CBT）是适合青少年的典型一线治疗方法。当然，根据孩子的具体临床情况、年龄和环境的不同，可能会有例外。对于10岁以下的儿童，可以使用其

怎么选择可靠的医院?

请选择当地权威三甲综合医院的心理科、精神科或权威精神专科医院，避免因医院经验不够丰富造成诊断上的偏差。当家长心里对医院没有把握也没有其他可靠的信息参考时，可以多走几家医院，比较一下医生的专业态度，选择一家自己相对信任的医院开始治疗。

怎么挂号?

可选择青少年心理门诊或精神科门诊。在选择医生时，尽量选择那些具有主治儿童青少年抑郁症经验的医生。

看病服药

一定要吃药吗?

不是所有患者都需要吃药。一般来说，轻度抑郁症不需要药物治疗，心理治疗即可；中度抑郁症可能会选择性地使用药物；而重度抑郁症通常需要更长时间的药物治疗。

如果孩子需要药物治疗，医生在诊断后会根据孩子的具体情况开具相应的药物处方。药物可以帮助调节孩子的脑化学物质，改善抑郁症状。通常药物治疗常与心理治疗相结合，可获得更好的治疗效果。

小提示

抑郁症的药物治疗风险对比未经治疗的风险，比如自杀意念的风险以及抑郁症的终身影响，该如何选择需要和医生充分讨论。同时也要和医生充分讨论所有可行的治疗选择，而不仅仅局限于药物治疗这一种方案。

药物需要时间来发挥作用，通常需要4到8周。睡眠、食欲或注意力等症状的改善通常会比情绪改善要来得早一些。所以在下结论药物治疗是否有效之前，要留一些观察时间。

药物对孩子有副作用吗？

药物治疗抑郁症可能会带来一些副作用，如头晕、失眠、食欲改变等，这些副作用大多为暂时性的，会随着治疗的进行逐渐减轻。

如果对药物治疗有任何疑虑，服药前要和医生充分沟通。当孩子出现严重的不适或者副作用加剧时，要与医生及时沟通，以便及时调整治疗方案或药物剂量。

小提示

治疗抑郁症的常用药物及副作用如下。

选择性5-羟色胺再摄取抑制剂（SSRI药物，也称为选择性血清素再摄取抑制剂），这类药物包括氟西汀（Fluoxetine）、舍曲林（Sertraline）、帕罗西汀（Paroxetine）等。它们通常是首选的药物，因为其疗效确切且副作用相对较少。一些可能的副作用包括恶心、失眠、头晕、食欲改变等。

三环类抗抑郁药（TCAs），这类药物包括阿米替林（Amitriptyline）、去甲替林（Nortriptyline）等。三环类抗抑郁药常用于成人抑郁症治疗，在儿童和青少年中的使用相对较少，因为它们可能引起更多的副作用，如心脏问题、体重增加和口干症等。

孩子吃了药感觉好转，减少吃药或者停药行不行？

遵医嘱。 根据医生的建议和处方行事，不要擅自停药。擅自停药可能导致抑郁症状的复发或加重，甚至会引发戒断症状。

逐渐减量。 如果医生认为可以停药了，他们会制定一个减量计划，缓慢而安全地停止药物治疗。

停药后监测。 停药后，需要密切关注孩子是否出现抑郁症状的复发。如果出现任何症状恶化或不适，应立即与医生联系。复发的情况下，医生可能会重新评估孩子的状况，并根据需要重新制定治疗计划。

小提示

病耻感和尴尬是精神疾病患者不坚持药物治疗的主要原因。家长要协助孩子克服病耻感（如何克服病耻感详见第四章）。

关于吃药的疑问可以提前询问医生。比如：忘记吃药应该怎么办？是在当天晚些时候服用，还是跳过第二天加倍服用？再比如：停止药物治疗的过程是什么样的？需要注意哪些戒断症状？如果忘记了吃药，是否也会出现这些反应？

复诊

需要持续复诊吗？

复诊是治疗过程中至关重要的一环，它能够帮助医生监测孩子的症状变化、评估药物的疗效和副作用，并根据需要调整治疗方案。这可能包括药物的剂量或种类的调整及心理治疗频次的调整。

小提示：

没有两个人会以完全同样的原因受到抑郁症的影响，也没有"一刀切"的治疗方法。找到最适合的治疗方法可能需要和医生多次探索。

复诊的时间和频率？

根据医生的建议，复诊的时间和频率会有所不同。通常来说，首次复诊安排在两周内，之后会根据孩子的病情和治疗进展适当延长复诊的时间间隔。医生会根据具体情况为孩子制定合理的复诊计划。

治疗过程中父母如何配合医生？

在复诊期间，父母的配合和支持非常重要。父母可以起到监测作用，为医生提供孩子的症状和治疗效果的反馈，以促进治疗进程的顺利进行。同时，也要给予孩子充分的理解和支持，在治疗过程中持续鼓励和鞭策，帮助他们建立积极的心态，逐渐克服抑郁症的困扰。

以下是家长带孩子到医院就医时一般的就诊过程，但仅供参考，实际情况以当地医院为准。了解这些可以帮助焦虑的父母增加内心确定感和安定感，从而有能量给孩子提供情绪支持，减少孩子去医院检查抑郁症时的紧张和焦虑。

就诊前。 家长可以准备相关的信息和资料，如孩子的症状、过去的病史、家庭情况等。这些信息对医生进行初步评估和了解孩子的情况非常有帮助。

就诊时。 医生会与孩子和家长进行面对面的访谈，详细了解孩子的抑郁症状、持续时间、影响程度等。他们可能会询问一些个人和家庭背景的问题，以更好地了解病情和可能的诱因。面对医生，家长应保持开放的心态，坦诚地描述孩子的症状和情况。不要隐藏或回避任何细节，因为这有助于医生准确地判断孩子的状况和制定治疗方案。

接下来，医生可能会要求进行一些心理评估或测试，如抑郁症评估、行为评估等。这些测试有助于更全面地评估孩子的状况，并确定是否符合抑郁症的诊断标准。

如果医生初步确定孩子可能患有抑郁症，他们可能会建议进一步检查，如血液检验、脑部扫描等，以排除其他可能的身体疾病或神经系统问题。

治疗时。根据评估和检查结果，医生将制定治疗方案，包括药物治疗和心理治疗。他们会与家长讨论并解释治疗计划的具体内容和预期效果。家长可以提出任何疑问，确保对治疗方案的理解和接受。也可以与医生讨论预期的疗程和治疗的时间安排。

在治疗过程中，家长和孩子需要与医生进行定期的随访，以评估治疗效果和调整治疗计划。及时沟通和反馈任何变化或副作用对于调整治疗方案非常重要。

家长的合作和支持对于孩子的康复非常重要，同时也要保持对孩子的耐心和对医生指导意见的信任。

准备心理咨询

心理咨询到底是个啥？

"心理咨询就是找人聊聊天。"

"心理咨询就是冥想、打坐。"

"心理咨询是精神病才去的，孩子又没精神病。"

......

你有过上面的想法吗？你认为心理咨询是什么？

近些年，随着我国经济发展，心理咨询逐渐进入大众视野，但提及心理咨询，大家依然有很多误解。由于缺乏客观的认知，很多人在寻求心理咨询服务时，往往心里没底，迟疑不决。

那么心理咨询到底是什么？

心理咨询是一种专业的帮助方式，由有执照的、训练有素的心理咨询师和来访者进行对话。这种对话和我们与朋友聊天不同，咨询师会通过专业的技巧和方法，帮助患者深入了解自己的情感和思维模式，并采用适当的治疗策略帮助他们应对困扰和痛苦，建立积极的心理状态。

而这些技术都不是想象的那么简单，比如倾听要同时有行为倾听、情感倾听、认知倾听。再如心理咨询师能够对来访者的情况有深刻的同理心，但不能过分代入自己的立场，匆忙地做出判断和指导等，这当中每项技术的掌握都需要从业者接受几百小时甚至几千小时的训练。

心理咨询是一门科学的领域，基于心理学原理和研究。真正的心理咨询是基于科学的理论和实证研究，如认知行为疗法、解决问题疗法等，这些方法已被广泛研究和验证，并被证明对抑郁症患者具有显著的疗效。

不仅针对疾病，心理咨询可以提供帮助的范围非常广泛，可以适用于几乎任何人面对心理困扰和挑战的情况（除认知失调无法进行正常沟通的患者）。无论是轻度的情绪问题还是更严重的心理疾病，心理咨询都可以提供支持和帮助。

对于普通人来说，寻求心理咨询可以调整个人的心理状态，提升生活质量。如同我们对身体状态的调整，很多人没有大的疾病也可时常去做个理疗，心理咨询是心理的理疗方式之一。看心理医生是一种主动寻求帮助、积极解决问题的生活态度。

好的心理咨询的评判标准是什么？

心理咨询本质是一种服务，是来访者花费了金钱购买的专业服务。心理咨询的职业伦理要求咨询师必须以来访者的福祉为中心开展工作。以孩子接受心理咨询为例，好的咨询服务可以参考以下两项简单的评判标准。

（1）孩子作为来访者的感受本身好不好。孩子有没有被深切地理解、关注、接纳的滋养感。好的咨询往往孩子自己就想继续进行下去。

（2）咨询有没有效果。孩子各个方面的抑郁症状有没有改善，比如情绪转好、更愿意自我表达、自我价值感提升等。

心理咨询是怎么对孩子起效的？

心理咨询起作用的原理和机制是多方面的。

首先，心理咨询提供了一个安全、支持和保密的环境，让孩子能够敞开心扉，表达内心的困扰和痛苦。这就像是为孩子的内心创造了一个安全的避风港（心理咨询要遵循保密原则，一般咨询前要签订咨询协议，咨询师会详细介绍保密原则的内容和例外）。

其次，咨询师会运用专业的技巧和方法，帮助孩子深入了解自己的情感和思维模式。咨询师会与孩子一起找出导致抑郁症的因素，也会和孩子一起从悲伤到压力再到埋藏的创伤，一步步深入探索。孩子对自己深切的理解是改变的开始。

此外，心理咨询还可以提供实用的应对策略和技巧，帮助孩子应对挑战和压力，调整情绪，提升自信心。大多数心理治疗都能帮助孩子建立新的思维和行为方式，并帮助孩子改变导致抑郁症的错误信念。

心理咨询的周期?

通常，咨询师前期可能需要几次咨询来建立咨访关系，并初步了解和评估孩子的问题。随后的咨询过程中，将根据孩子的需求和治疗目标，制定相应的治疗计划。整个治疗过程可能持续数月到数年的时间，具体时长取决于孩子的情况和进展。

好的咨询可能在第1~3次时就开始起效了，症状越轻，孩子好转越快。有时较为严重的抑郁症，咨询早期的效果并非立竿见影，需要时间以及咨询师、孩子和家长的持续努力。

心理咨询的费用?

心理咨询的费用在市场上有一定的区间，通常在几百至数千元之间。价格会根据咨询师的资质、经验、所在地区和服务设置而不同。

咨询一般一周一次，少则数次，多则几年。对于有些家庭而言，这会造成一定的经济负担。而为了不让抑郁症对孩子的未来造成恶劣而持久的影响，在遇到经济困难时，家长如何减轻一些经济压力呢？下面提供了几条建议供参考。

和咨询师谈价。 有些咨询师会设置自己的低价咨询名额，或者灵活更改收费方式。你可以坦诚地说出你的困难和需要，与咨询师商讨是否有适用的方式来减轻经济压力。咨询师会评估你的情况（经济情况和咨询动力）来做决定。

部分公立医院的心理咨询可以使用医保报销部分费用。 可事先询问是否可以报销。

问询咨询机构是否有低价咨询。 有时咨询机构会有低价咨询活动。

使用社区机构提供的心理咨询服务。 随着这些年国家对心理健康服务体系建立的支持，很多社区会购买心理咨询服务，甚至建立心理咨询室，为社区居民提供公益咨询。

小提示

　　未经治疗的抑郁症会增加抑郁发作的风险，随着时间的推移，抑郁发作会变得更频繁、更持久、更严重，并增加自杀的风险。它会严重干扰孩子的正常学习、成长，甚至长大后的基本工作能力。此外，抑郁症会导致身体的慢性疾病加重。

接触咨询师

　　如果你和孩子都决定开启心理咨询，那你们正朝着一个好的方向前进，但需要知道的一点是找到最适合的咨询师可能需要一些时间，甚至要更换几个咨询师，家长可能需要提前做好这方面的心理准备。

　　很多因素都会影响到我们是否能找到合适的咨询师：孩子对咨询师的体验感、治疗类型是否适合孩子、费用、交通路程等。

　　这里提供一些路径帮助家长找到靠谱的咨询师。

　　口碑推荐。向您身边的朋友、家人、同事或其他人寻求推荐可靠的咨询师。他们可能会分享他们的咨询经历，并推荐经验丰富的咨询师。也可以听听学校心理老师的建议和推荐。

　　专业协会和注册机构。中国心理学会、中国心理咨询师协会等专业协会和注册机构会有相关的成员名录或咨询师列表。您可以访问这些组织的网站，查询他们的会员名单，并选择在您所在地或附近提供服务的咨询师。

　　受信任的机构和医院。寻找良好声誉和信誉的机构和医院。您可以在互联网上搜索相关机构或医院的网站，查看他们提供的心理咨询服务，并了解他们的专业背景和评价。

　　我们可以从咨询师的水平和孩子的体验感方面再说说如何找到一个靠谱的咨询师。

前期初步接触时

● 确保咨询师具备相关资质和专业背景，如心理学学士或硕士学位，拥有相关的资格证书。

● 了解咨询师是否有丰富的经验和专业的技术，这可以通过咨询师的个人介绍来了解。

● 初次电话询问业务时，留意你对咨询师本人/咨询机构的感受。一般咨询助理或咨询师在第一次接到这种问询电话时，会简单地询问孩子的基本情况和家长的诉求，也会告知相关费用和初次预约相关的事项。家长也可以同时多询问几家。

可以预约一次面对面咨询，了解咨询师的风格，结束之后询问孩子对咨询师和这次咨询的感受。

中期咨询过程中

有时候最开始几次咨询感觉不错，但几次后，家长可能会怀疑治疗是否真的有效，或者孩子和咨询师的配合不太顺利，但不知如何判断这是正常的进程推进还是该换咨询师。

您可以依据以下4个维度做出判断。

感受	合作
孩子是否喜欢这个咨询师，或者这个咨询师是否能让孩子信服。 如孩子对咨询师不满、讨厌或者想远离，可考虑更换。	咨询师是否会与家长交流孩子的情况。 如咨询师和家长建立工作联盟有些困难，无法在孩子康复上形成合力，或者无法对家庭教养方式提出有效的建议，可考虑更换。

效果

经过两个月的治疗后，没有感觉到孩子有任何明显的进步（大多数有效的治疗应该在几周到几个月内显示出一些进步），可考虑更换。

原则（红线警惕）

咨询师绝对不可以变相地剥削或占用来访者的利益。

咨询师不可以和来访者建立除咨访关系外的任何其他关系。

此外，也可以和咨询师直接讨论，比如：你将如何帮助孩子康复？我感觉没有效果，我需要多长时间才能看到明显的改善？如果治疗停滞不前，看不到日常生活的变化，你还有什么方案吗？你将如何衡量治疗效果？

记住：不要在感觉不好的情况下，碍于情面而勉强自己治疗！

咨询中的合作

如何和孩子的咨询师通力合作？

父母与孩子的咨询师良好的合作可以助力孩子的咨询效果。以下是与心理咨询师合作的一些建议。

积极沟通。 父母可以在第一次会面时与咨询师交流自己对孩子问题的观察和关注，并与咨询师讨论孩子的需求和治疗目标。定期与咨询师沟通，分享孩子在课堂、家庭和社交环境中的变化，以便咨询师了解孩子的状况并调整治疗计划。

尊重咨询安排。 治疗频率和持续时间的安排应根据孩子的需求和咨询师的建议进行。父母可以与咨询师商讨孩子的治疗计划，包括每次咨询的间隔时间和整个治疗过程的预期持续时间。这有助于父母和孩子了解治疗的时间安排，并适应咨询的节奏。

寻求建议。父母还可以向咨询师咨询如何在家庭环境中支持孩子，以及如何应对可能出现的困难和挑战，咨询师会给出专业建议和指导。

尊重孩子的隐私和保密性。父母应同孩子一起与咨询师讨论关于隐私和保密的问题，并遵循咨询师的建议。这样可以帮助孩子建立信任感，并促进他们在咨询中的自我表达和探索。

心理咨询师可能会建议家长也做咨询

心理咨询师会和父母、孩子一起探索导致孩子抑郁的压力源，如果家庭压力（例如不恰当的家庭教养方式、不和谐的家庭关系、父母自身的心理问题）是导致孩子抑郁的主要原因，心理咨询师可能会建议父母参与进来进行家庭治疗，或者建议父母也去做心理咨询。

父母的心理健康对孩子的心理治疗有着深远的影响。通过参与心理咨询，父母可以更好地理解孩子的心理问题，学习有效的家庭沟通和教育技巧，提供更好的支持和理解。

咨询的其他疑问

所有的抑郁症患者都适合心理咨询吗？

尽管心理咨询对大多数抑郁症患者是有益的，但并不是所有的患者都适合。对于非常严重的抑郁症患者来说，别说在一个心理咨询师面前敞开心扉、畅所欲言，可能就是穿好衣服、走出家门、按时到心理咨询室，就已经是非常困难的任务了。此外，重度抑郁症患者经常会出现强烈的自杀倾向，在这种紧急情况下，心理治疗就显得起效太慢了。一般来说，这种患者需要紧急干预，外加药物治疗，部分症状好转后，可以和心理咨询师进行沟通时再进入咨询室。

是否适合进行心理咨询，医生会给出专业建议。

一些误区和骗局

在市场上，有一些关于心理咨询的误区和骗局存在。例如，有些机构或个人承诺能够在短时间内彻底地解决问题，使用他们的特效药或独家疗法，保证多长时间内一定药到病除。一般这种敢打包票的都可能是骗局。

我们也希望有一些神奇的药物或者疗法，不仅能单独治疗各种精神健康疾病，而且能快速、完美地发挥作用，但目前都还不存在。请您不要上当受骗。

常规疗法一览

认知行为疗法

在抑郁症的治疗中，认知行为疗法被广泛使用，不仅有助于缓解抑郁症症状，还能有效防止抑郁症复发。一些轻度、中度抑郁症患者可能只接受认知行为疗法就感觉好些。有研究证据表明，认知行为疗法对所有年龄段的人都有效。通常一个常规疗程包括16～24次面谈。

此疗法专注于帮助患者认识、挑战并改变消极的思维模式和行为习惯，从而减轻抑郁症症状。例如，如果孩子总是纠结于自己在学习中犯的错误，咨询师可能会帮助孩子制定策略，将这些错误重新定义为提升和挑战的学习机会。

人际心理治疗

人际心理治疗将患者的情绪问题与人际交往相联系，旨在从人际关系入手，帮助患者发现存在问题的社会关系，通过调整和改善这些社会关系，或者改变患者对这些关系的态度，来减轻或消除抑郁症状。

一般来说，如果因失去亲人或其他与人际关系有关的痛苦事件而感到抑郁，这种疗法很有帮助。

人际心理治疗通常很短暂，可能会在三到四个月内每周进行一次治疗。孩子在接受治疗期间，心理咨询师将与孩子谈论生活中的人际关系，确定影响孩子情绪的痛点，并帮助孩子学习如何向他人传达自己的感受，设定个人界限或改善应对技能。

精神动力疗法

精神动力疗法主要应对患者因为自身没有意识到的未解决的冲突而变得抑郁的情况，比如患者3岁时父母离婚给他带来的创伤，但是患者在意识层面已经不记得了。采用精神动力疗法，咨询师会带领患者更仔细地探寻和审视自己的过往，以及它可能如何导致今天的病症。

游戏疗法

对于年龄较小的儿童，游戏疗法是一种常用的治疗方式。通过游戏和玩耍，孩子可以表达和探索自己的情感和体验，帮助他们理解和应对抑郁症。

家庭治疗

家庭治疗是一种需要家属与抑郁症患者共同参与的、系统有效的专业心理治疗方式。它鼓励家庭成员共同参与治疗过程，帮助改善与抑郁相关的原生家庭的关系、家庭中的亲子关系、夫妻关系，创造有利于患者康复的家庭环境。家庭成员更能提供支持和理解，从而促进孩子的康复。选择这种方式通常是因为孩子的病因和家庭因素高度相关。

这些常规心理治疗方法可以单独使用，也可以结合使用。咨询师会根据孩子的具体情况和需求来制定个性化的治疗计划。

团结一切可团结的力量——社会支持系统

孩子抑郁了，除了就医，我们还可以寻求谁的帮助？

在这个世界上，我们绝不是孤立无援的。无论是学校、社区还是家庭，都是我们寻求帮助和支持的重要资源。团结身边一切可以团结的力量，让爱和支持成为我们前进的动力。

构建孩子的后援队

孩子得了抑郁症就像是在森林里迷路了，孩子会害怕、无助，而社会支持系统，就是一群能帮助孩子走出森林的人，他们中有的提供水和食物，有的拿着地图和指南针，有的熟悉地形，有的给孩子加油打气，大家共同努力，帮助孩子走出迷雾森林。

什么是社会支持系统?

人是群居动物，总是生活在各种各样的社会关系中。我们经常需要从各种社会关系网络里获得所需的支持、理解和帮助。我们的社会支持网络构建得越牢固和丰富，我们在遇到压力和挫折时，获得的支持和帮助就更多。一个强有力的社会支持系统，就像一个强大的后援队，我们越能感受到来自周围人的支持，就越有底气面对困难。

后援队的三大作用

社会支持系统的作用很多，从物质到精神，从专业帮助到社会保障等。抑郁症孩子和父母的后援队可以为孩子和家长提供必要的情感、信息和物质支持。

情感支持。 与亲朋好友、专业人士和其他社会成员的交流和互动可以让孩子感受到被关注、被理解和被接纳。这种情感上的支持可以减轻孤独感和无助感，增强自尊心和自信心，让孩子更有勇气和信心面对抑郁症。

信息支持。 与经验丰富的人交流，家长可以获得关于抑郁症的知识和应对策略。专业人士可以提供抑郁症相关的信息、治疗方法和资源，帮助孩子和家长更好地理解和应对抑郁症。

物质支持。 这包括医疗、营养、住宿等方面的支持。这些支持可以帮助孩子更好地应对抑郁症的症状，提高生活质量，促进身心的恢复和发展。

这个"后援队"的维度由近及远，包括孩子生活的小家庭，学校、朋友和邻居，所在的社区、相关团体、专业人员，所在的社会文化环境等。

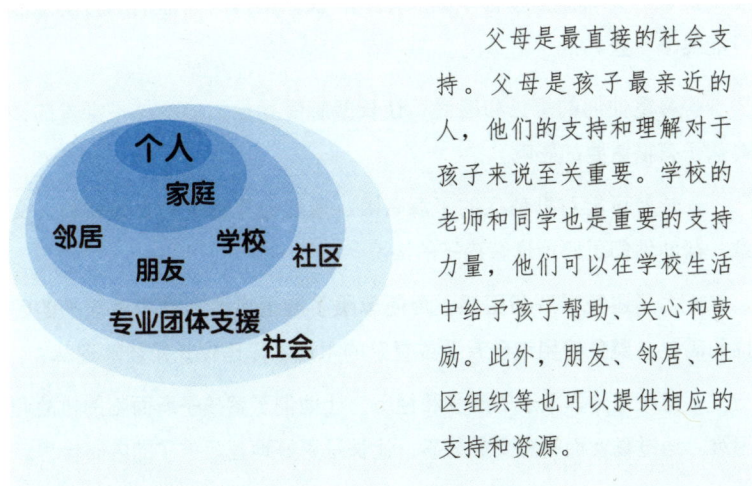

父母是最直接的社会支持。父母是孩子最亲近的人，他们的支持和理解对于孩子来说至关重要。学校的老师和同学也是重要的支持力量，他们可以在学校生活中给予孩子帮助、关心和鼓励。此外，朋友、邻居、社区组织等也可以提供相应的支持和资源。

社会支持系统越强大，孩子越容易走出困境。那如何构建强大的社会支持系统呢？我们将从四个层面为父母提供一些具体建议。

第一圈层——家庭环境支持

家人是孩子最亲近的人，家人的支持尤为重要。这里的家人不仅包括父母，也可以是陪伴孩子一起长大的祖辈或其他亲属。总之，只要是和孩子在一起紧密生活的亲属都属于第一圈层的家庭成员。

在孩子抑郁时如何让孩子体会到家人的支持呢？理想情况下，家长们要努力建立一个开放、理解、支持、有爱的家庭氛围，给予孩子情感的支持和关注，提供稳定和有规律的家庭生活。以下是九条具体可操作的建议。

父母之间达成一致。作为家庭的顶梁柱，爸爸和妈妈要对孩子的病情的认识、看病的态度、后续家庭和孩子可能面对的困难、家庭成员需要做什么、有益康复的规划和策略等进行充分的讨论并达成一致意见。

花时间和长辈沟通。如果是三代同堂，尽量让长辈也成为孩子的支持资源，尤其是孩子喜欢的长辈。和长辈沟通时，他们的接受速度可能要慢一些。

● 尊重他们的意见和感受，让长辈感受到他们的参与是宝贵的，对孩子有很重要的影响；

● 长辈可能对抑郁症的了解有限，通过分享相关的视频材料、文章，帮助他们更好地理解孩子的情况；

● 为了避免误解和困惑，用简单明了的语言清晰地表达孩子的困扰和需要。避免使用过于专业或复杂的术语，以确保长辈能够理解；

● 与长辈分享孩子的感受和经历，让他们了解孩子所面临的挑战和困难。通过真实而有意义的故事，让长辈更好地理解孩子的内心世界。

和孩子进行沟通。父母达成一致后，和孩子聊聊对抑郁症的看法、有益康复的规划和策略。沟通的时候注意以鼓励为主，给予孩子战胜疾病的信念。同时听听孩子的想法和顾虑，尤其是很多孩子觉得自己生病会成为家庭的拖累。

> "我知道你正在经历一段困难时期，但我相信你有足够的勇气和能力去克服它。没有也没关系，你不是孤单的，我们会一直陪在你身边，帮助你走过这段艰难时期。"
>
> "抑郁症并不是你的错，也不会让你成为家庭的拖累。家里人不管谁遇到了困难，我们都是一个团队，是一家人，我们会共同面对这个挑战。爸爸妈妈有信心！"
>
> "抑郁症并不会定义你的价值和能力。你是一个独特的个体，有自己的优点和潜力。无论遇到什么困难，我们会一直陪伴在你身边，帮助你、陪伴你。"

避免刻板印象和指责。 家庭成员在与孩子交流时，避免使用负面的标签或指责性的语言。避免将抑郁症归咎于孩子的个人品质或行为，要给孩子理解和支持。

> "抑郁症是一种心理健康问题，它不是你的错，也不代表你的个人品质。我们一起学习如何应对和管理它，找到适合你的康复策略。"
>
> "抑郁症并不意味着你懒惰。它是一种常见的疾病，会影响人的情绪和思维。就像感冒或其他身体上的疾病一样。它需要医生的专业指导和治疗。我们一起努力，相信你一定能够战胜抑郁症，重新恢复健康和快乐。"
>
> "抑郁症并不是你的错，也不会影响我们对你的爱。我们会一直支持你，尽力理解并帮助你克服这种情绪障碍。我们会一直陪伴在你身边，共同度过这段困难时期。"

避免过度的家庭冲突。稳定的家庭环境可以给予孩子安全感和归属感。如果夫妻之间或隔代之间有严重的冲突，请花精力修复你们的关系，无法修复的情况下也请探讨接下来如何相处才能把对孩子的负面影响降到最低。必要的情况下可以求助专业的咨询服务。

建立家庭活动的时间。定期安排家庭活动的时间，比如户外运动、游戏或家庭聚餐等，这些活动可以增强家庭成员之间的情感联系，培养孩子与家人之间的信任和亲近感。

制定支持计划。明确家庭成员在孩子康复过程中的角色和责任。例如，分配时间和任务，让每个家庭成员都参与到孩子的疗养和建设中去。这不仅能够增加家庭支持的力量，还能够让孩子感受到家庭的关爱和关注。

亲友团支持。除了家庭成员外，亲友们也可以成为你们小家庭的重要支持系统。与亲友分享孩子的困扰和需要，请求他们的理解和支持。例如，你可以邀请亲友参加家庭活动或聚餐，让他们更多地了解孩子的状况，并提供实际的帮助和支持。在面对困难或挑战时，亲友的支持和鼓励能够给你和孩子带来更多的力量和信心。

主动学习关于抑郁症的知识。家长可以主动学习关于抑郁症的知识，了解病情特点和康复路径，理解孩子的困境，以更好地支持和引导孩子。学习途径包括听取精神科医生、心理咨询师的建议，阅读抑郁症相关书籍，学习相关课程等。

关于其他更复杂且有难度的操作，如修复与孩子的情感联结、改善与孩子对话的技巧策略、帮助孩子建立自信和积极的自我形象，以及建立孩子的紧急求助机制等，这些都需要家长付出更多的努力。在本书的第三章中，我们将详细介绍如何进行这些操作，以帮助家长更好地支持孩子的康复过程。

第二圈层——学校环境支持

孩子在学校度过大部分时间，学校环境的支持对于帮助抑郁症儿童康复至关重要。

举例

> 小明是一名初中生，他被确诊为抑郁症。小明明显跟不上正常的学业进度，还经常在学校哭泣。他的家人和医生都非常关心他的康复和学业状况，因此与学校沟通并寻求支持。

让我们一起看看小明的父母和学校是如何配合的。

家长和学校充分沟通。 校方知道情况后，学校的领导、心理老师、班主任约小明的父母一起交流，支持小明校外看病的计划，同时表明学校会给予一些支持措施。

● 心理辅导：学校心理老师可以为小明提供心理辅导和心理支持。恰好学校也购买了专业的心理咨询服务，也可以为小明提供帮助。

● 个性化学习计划：学校根据小明的诊断和康复需求，制定了个性化的学习计划。考虑到小明的情绪状态，学校为他提供了更灵活的学习安排，允许他在需要的时候休息或调整。

和老师保持密切沟通。 小明父母和孩子班主任、任课老师时常沟通，告知他们孩子的病情，让老师更多地理解孩子的需求，也及时从老师那里了解小明在学校的情况。

家校合作。 在和精神科医生、心理咨询师进一步明确小明抑郁症的程度和治疗计划后，小明父母和学校也做了及时反馈沟通，共同制定了小明在学校的康复计划和目标，并定期评估小明的进展。

情绪支持小组。 学校组织了一个情绪支持小组，邀请抑郁症孩子参与。小明加入了这个小组，并与其他孩子分享交流。

在学校环境中，除了学校老师的关心支持，小明的同学、朋友也起到了很重要的作用。小明身边有几个重要的朋友，其中两个是芯芯和莫莫，他们没有把他的抑郁症视为奇怪或不正常，而是常常理解小明、陪伴小明，主动听小明的诉说。还有乐天，他经常邀请小明一起玩耍，看电影或户外运动，小明有时候拒绝，乐天也从来不放在心上，下次还是会邀约。然后班主任也特意给小明安排了同桌——一个大大咧咧的开心果——小欢。她经常没心没肺地自得其乐，却是小明几年学校生活里的一道温暖的光。

从上面小明和朋友的相处中，可能大家也能感受到朋友的重要作用：理解、接纳、支持、赞美、陪伴。所以家长要多鼓励孩子交友，支持孩子和他的同伴做他们喜欢的事，让孩子在自己的社交圈中找到情感上的支持和理解。

第三圈层——社区环境支持

除了家庭、学校，我们生活的街道社区有时也可以为我们提供一些支持和资源。

探索社区资源。 可以去所在街道的社区服务中心询问有没有关于儿童青少年、家庭教育、心理咨询方面的服务。有些社区会设有心理咨询机构、社区活动中心、志愿者组织等。与社区相关部门和组织进行联系，了解他们所提供的服务，并咨询如何获得这些资源。

参加社区活动。积极参与社区组织的活动，如健康讲座、亲子活动、康复支持小组等。这些活动不仅可以帮助家长获取相关知识和信息，还可以与其他家长交流经验，建立支持网络。

参加家长小组或支持组织。在社区中寻找相关的家长小组或支持组织，这些组织通常会为家长提供交流和互助的平台。参加这些组织，可以与其他家长分享经验，也能获取支持和建议，并在互帮互助中获得更多的力量。

第四圈层——其他环境支持

因社会政策的更新落实，社会环境下我们也能获取一定的资源和支持。

心理咨询热线。我国设立有青少年心理咨询热线，可以拨打热线寻求帮助。

利用互联网资源获得一些信息和支持资源。可以搜索相关的专业网站、抑郁症相关社区、家长论坛等，获取关于抑郁症的知识和经验。此外，还可以寻找并参加在线的社交群组，与大家交流并分享经验。但一定要注意选择可信赖和专业的网站和资源。

参加抑郁症相关的公益组织。家长可以关注抑郁症相关的非营利组织和活动，这些组织和活动通常会给家长提供专业知识、康复服务和社交支持。家长可以积极参与这些组织和活动，与其他家长交流经验、获取支持和建议。

工具：干预行动进度表

通过本章内容，我们知道当孩子可能有抑郁症时，我们可即刻做些什么。立即去医院诊断，根据情况开始药物治疗、心理治疗。同时，我们也要团结一切可以团结的力量，共同为孩子的康复努力。家庭、学校、社区都可以为我们提供一些支持资源。

下面是一份干预行动进度表，家长可以参考这份表格，查看已经采取了哪些有效的行动，以及还有哪些可以继续推进的措施。

干预行动进度表（已完成的打√，不需要的打×）

	医院就医	心理咨询	家庭环境	学校合作	社区资源	其他
1	寻找医院	寻找咨询师/咨询机构	是否和伴侣达成共识	了解学校资源	了解社区资源	了解社会资源
2	评估诊断	是否需要更换咨询师	是否和重要家庭成员达成共识	和校方充分沟通，就可以提供的资源达成共识	已使用何种社区资源 _____	是否找到可靠的科普信息
3	是否药物治疗	是否和咨询师就咨询方向达成共识	家庭成员是否能为孩子提供情感支持，1-10分打分 _____	和班主任保持沟通，就孩子康复计划达成共识	感受如何： _____	是否找到共鸣的互助群体
4	是否复诊	是否起效	家庭环境氛围能够给予孩子温暖，1-10分打分 _____	鼓励孩子多参与社交，孩子是否有朋友支持		
5 其他您认为做得不错的干预行动						

第三章

长期行动家庭篇：

构筑心理安全岛

　　抑郁症的康复是一个漫长曲折的过程。在这个过程中，家庭作为孩子生活的第一环境，其重要性不言而喻。我们如何在孩子康复进程中为孩子保驾护航，如何成为孩子的力量来源？本章将从孩子的情绪、自尊、行为三个方面分析家长可以提供的有效亲子互动策略和实施计划，以及应对突发事件的急救措施。

温暖关系重构，让孩子有巢可栖

能抵御寒风的是暖房子还是冷房子

有这样一个小故事：寒风呼啸的冬天，有两间房子，一间里面有篝火，很温暖，另一间里面破旧冰冷，寒风穿堂。请问这样的天气中，哪间房子里的人更容易熬过寒冬？如果住在这两间房子里的人都不得不顶着寒风回家，哪个人更能坚持到家？

答案不言而喻。人生很长，寒风和挫折是不可避免的。当一个人遇到挫折觉得难以为继时，家人留在他心底的暖意就像寒风中的暖房子，让他有信念多支撑一段——"回到家就好了"。他可以回到家的港湾休息、疗伤，再次启程。然而，很多家庭给予孩子的并不是温暖，而是痛苦或压抑，孩子在外遇到挫折时，无处可去，无处可躲，只能自己硬生生地扛着，直到扛不住。

这就是家庭之于个体的重要心理支撑作用。在孩子抑郁康复的过程中，家庭成员需要努力地调整自己的行为，修正之前因家庭给孩子带来的不良影响，积极为孩子构筑安全的、滋养的、温暖的家庭环境，让孩子心灵上有巢可栖——这是孩子重返健康的非常重要的因素！

健康成长密码——三大关键能力

孩子就像一棵幼苗，生长在土壤中，家庭就像这棵幼苗的土壤。孩子不断地从土壤中汲取营养，直到有一天长大，茂盛、蓬勃、根系茁壮，足以应对风吹雨打，甚至可以庇佑他人。

孩子成长为一棵茁壮的能抵御风雨的大树，需要三个非常关键的能力。

勇于探索世界的能力

——安全感:"我安全吗?"

安全感的建立往往是幼年期从父母特别是母亲(或养育者)那里获得的,越是情绪稳定的、对孩子的需要敏感的、边界明晰的照顾者,越能提供具有安全感的养育环境。

缺乏安全感的孩子长大后内心深处会有焦虑、恐惧之感,在人际关系中常常感到紧张,这样的孩子不愿意主动和他人建立联结。而有安全感的人更容易信任自己、信任他人、信任世界,有勇气去探索未知,接受和适应变化。

获取尊重和爱的能力

——自我价值感:"我值得被爱吗?"

自我价值感是一个人对自己的肯定和认可,是个体自我认同的重要底色。这种内心的感受和认知,影响着个人形象,决定着一个人的底气。

如果孩子的自我价值感较低,就会怀疑自己的价值和重要性——"我对家人来说不重要""父母并不是很在乎我",这样的孩子不相信自己值得被爱、值得被关注,很害怕麻烦别人,在人群中不够自信,需要不断地寻求外部认可才能维持自信。但自我价值感高的孩子积极向上,可以在人群中真实地表现自己;遇到不公平的对待,敢于为自己发声,争取自己的权益。

不断提升自我能力

——自我效能感:"我能行吗?"

自我效能感是个体对自己能否成功完成某项任务的信心或评估。这种评估(有时候并不客观),会影响个人的选择、努力程度以及面对困难时的应对策略。比如，在面对数学考试时，有的孩子会认为"我能行，我能考好"，所以更有信心面对，也更愿意投入复习。有的孩子认为"我不行，我考不好的"，抱着这样的心情，复习时也无法全身心地投入。低自我效能感的孩子，总认为自己缺乏能力，行动上变得消极，常感到沮丧和失落，也缺乏应对挑战和挫折的勇气。而高自我效能感的孩子在面对挑战时表现出更高的适应性和韧性，更可能追求具有挑战性的目标，从而取得更好的成绩和更大的成就。

健康成长绊脚石——认知三联征

抑郁的孩子以上这三大关键能力是受损的，与之相反，他们形成了消极的自我观、世界观和未来观，被称为**认知三联征**。

认知三联征中的自我观是"失败的"，认为自己是无能的、不可爱的、无价值的。这时，即使他们在生活中遇到很小的挫折，也会感到十分沮丧，比如有道题做不出来就会觉得"自己很笨""讨厌学习不好的自己""是父母的累赘"等。

认知三联征中的世界观是"充满敌意的"。认为这个世界上的任何人、任何事都是危险的，都可能对自己造成伤害，而自己难以保护自己，或难以在这个世界上获得一个安全的地方，或结识一个安全的人。

认知三联征中的未来观是"没有希望的"。认为未来没有希望，持续地感到情绪低落、没有动力，也认为自己是无法解决问题的，甚至感到绝望。

认知三联征的表现

- "我不行，我做什么都做不好。"

- "我没有价值，我不值得被爱。"
- "我是他们的麻烦。"
- "我不相信父母喜欢我。"
- "世界是不安全的，没有人真心对我。"
- "别人很好，而我不好，所以真实的我不值得被别人喜欢。"
- "这样糟糕的我未来是没有希望的。"
- "这样活着很痛苦，我讨厌这样的自己。"

父母的二次成长之路

父母都希望尽己所能给予孩子自己能给予的，可由于各种原因，我们在给予孩子爱时依然可能有不足，甚至犯下大的错误。培育幼苗都不是一件简单的事，更何况养育孩子，没有人可以做完美父母。我们可以把孩子的抑郁状况看作家庭亮起的信号灯，提示我们有些地方该"检修"了。也许经过这次"检修"，家庭可以更良好地"运转"，我们和孩子的关系会更上一层楼。

父母家庭教养中常踩的雷区

- 因工作忙碌，缺乏时间和精力与孩子沟通；
- 对孩子有太多评判和指责；
- 过度控制和干涉孩子的自主权；
- 夫妻关系紧张，忽略了孩子的感受。
- 父母自身在成长中积累的心理创伤没有得到处理

前几个都比较好理解，最后一条往往是最难觉察也是影响最深的。父母自身的心理创伤没有得到及时处理，也会影响养育方式。

具体的表现可能会有以下两个方面。

一是代际传递。比如一位母亲在她小时候，她的父母对她实施了过度控制，她的学习、交友、兴趣爱好，甚至穿什么吃什么都被严格管控。她知道父母很爱她，但她很窒息，对父母很愤怒也很害怕，时刻都想反抗父母。等她成为母亲后，却对自己的孩子也管控非常严格，分分秒秒都要决定孩子做什么。她的孩子也像她当年一样，害怕她，对她愤怒，想反抗。母亲把她当年消化不了的痛苦感受传给了自己的孩子，这种心理创伤像基因一样在家族中一代传一代，这就叫作代际传递。

二是补偿心理。还是上面这位母亲，如果是出于补偿心理，就会觉得曾经我的父母这样控制我，我恨透了，我以后一定不会控制自己的孩子，一定让孩子感受到很多的自由和自主。由于这位母亲对自由的过度渴望，就会补偿性地让子女体会自由，什么都不管。但是在这个过程中却可能看不到孩子真实的需要，比如孩子需要妈妈的指导，甚至一些规则的限制。

这两种心理机制下，孩子要么成为父母痛苦的延续品，要么成为父母人生的替代品。这也就是为什么我们提倡"有什么梦想和愿望自己去实现，不要寄希望于孩子身上"。

所以，不仅孩子需要成长，作为父母的我们也需要自我成长。

有效支持之一——提供情绪滋养

小华是一个15岁的抑郁症患者,他经常感到沮丧、无助和内疚。父母一开始并没有意识到他的情绪问题。

一天下午,小华突然放声大哭,向父母表达他内心深处的悲伤和绝望,他告诉父母,他觉得自己不被重视和理解,他觉得自己是个失败者。父母意识到小华的情绪问题并试图与他进行沟通,但却遇到了困难。每当父母提及他的情绪或询问他是否遇到了困扰,小华总是表现得愤怒和反抗。他对父母的关心和支持感到厌烦,并且觉得他们无法理解他的真实感受。

这种沟通的困境使父母感到无助。但他们随即意识到要改变沟通方式。

他们决定尝试一种更温和的方法来与小华沟通。他们决定不再强迫小华表达自己,而是在一个轻松的环境中与他进行日常对话,如一起散步或一起做饭时。在这些轻松的环境中,父母与小华分享着他们的感受,以便让小华感到他们是理解和支持他的。他们也尝试提供一些温暖和安慰的话语,让小华知道他们在乎他,并愿意倾听他的问题和烦恼。

随着时间的推移,小华逐渐打开心扉,与父母分享自己的内心感受。在良好的交互中,父母更深切地理解了小华,小华也感受到父母的支持和理解。

当我们发现孩子深陷痛苦的泥潭时,每一个关心孩子的父母都想靠近孩子,想了解孩子心里在想什么,希望帮孩子分担一些。可是,孩子却似乎宁愿把门关上,也不愿意沟通,甚至不信任我们。有时父母恨不得自己有读心术,可越着急,孩子反而越回避。

那我们如何像故事中的父母那样，可以重新让孩子愿意和我们沟通？本节我们将从"情绪抱抱""情绪镜子""情绪出口"三个方面来学习如何给孩子提供情绪滋养，让孩子感受到来自父母的关注、理解和爱，愿意向我们敞开心扉，释放他们的情绪。

提供"情绪抱抱"——倾听和接纳

情绪的作用

情绪有很多种，而且每种情绪都有它的作用。

然而，现实生活中，我们常因不了解情绪的作用而抵触一些情绪。

比如，很多人对悲伤、难过抵触，可能认为这是一种会暴露弱点或无用的情绪。因此，会压抑悲伤，不愿向别人展示自己的脆弱或需要帮助的一面。

"哭什么哭，丢不丢人，不准哭。"

愤怒常常被视为不受控制或具有危险性的情绪。人们可能会因为害怕伤害他人或破坏关系而抑制自己的愤怒。

"不要动不动发脾气，一点也不受人喜欢。"

许多人不愿承认自己的恐惧，将它视为软弱或不勇敢的表现。人们试图隐藏或淡化自己的恐惧，以保持形象或避免被他人嘲笑。

"你怎么这么胆小，懦夫！"

被压抑、忽略的情绪，不会自动消失，而会堆积在内心的角落里。等到某一天，这个角落承载不了，这些情绪又会重新冒出来。不管何种情绪，我们都不要躲避它，而是直面它、拥抱它。我们要学会接收情绪背后的信号。

抑郁的孩子，往往习惯隐藏和压抑自己的真实感受，这也是他们会感觉"麻木""活着没意思"的原因之一。所以，通过"情绪抱抱"，让孩子感受到我们的爱意，感受到"我不是孤单的，不是一个人"。当我们接纳孩子的情绪，就会让孩子有满满的安全感，他们能进一步体会到"我可以向世界尽情地展示真实的我"；当我们愿意花时间认真倾听孩子的心声，他们就能感知到"我是被关注的，我是值得的"。那么如何给予孩子"情绪抱抱"，让孩子感受到被倾听、被接纳？

让孩子感受到被倾听、被接纳

请回看你的人生经历，有没有哪次你吐露心声时，对方让你非常舒服？好的倾听者往往秉持着尊重他人，以对方感受为中心的三种态度。如果内心没有这些态度，表面的语言再动听，也达不到真正的交流。

● 和孩子聊天时，请放下手中或心中的其他事情，尽量和孩子眼神交汇，认真倾听孩子的心声。切忌一边忙手头的工作或事情，一边听孩子讲话。这样会让孩子觉得你在敷衍他，他的分享在你心里并不重要。

● 我们要展现出对交流的兴趣。孩子感受到自己的事能引起他人兴趣，从而感受到他本人或他的话题是被认可和肯定的。这很重要，抑郁的孩子总是觉得自己的倾诉是麻烦，没人真心想听。所以请试着调动自己对孩子的好奇心并展露你的好奇，做孩子的第一听众。

● 倾听时以孩子为中心。记住这是孩子的主场不是你的。我们要努力做的是理解孩子的想法和感受，而不是输出我们观点和态度。抑郁症的孩子最不需要的就是说教。

倾听过程中的行为要点

有的人擅长倾听，有的人不擅长。以下是倾听时的一些具体的行为指导。

眼神交流，表达关怀。请看着孩子，尽量用眼神表达你的关切和好奇。

调整身姿，拉近距离。 尽量面朝孩子，不要背对着聊天。倾听时可以根据情感需要抱抱孩子，或者握着孩子的手，增加肢体接触。

仔细观察，获取线索。 我们在听的时候，不仅听孩子讲什么，也可以观察孩子的面部表情、眼神、姿势和肢体语言，这些都能够给你一些关于他们情绪和内心状态的线索。比如孩子说"没什么""无所谓"，但他的表情是不开心的，我们可以说"妈妈/爸爸还是感受到你不开心了，你愿意展开说说吗？"

邀请性问话。 当孩子比较被动时，可以主动询问，一来让孩子感觉到你真的好奇，愿意听；二来当孩子不知道如何表达时，可以起到引导作用。

倾听时要听什么呢？请重点关注以下四个方面：听客观事件、听孩子的情绪和感受、听孩子的观点看法、听孩子的需求。

听客观事件

"当时发生了什么？"

"好的，你慢慢讲，我很愿意听。"

听孩子的情绪和感受

"那当发生……时，你心里有什么感受？"

"这件事，你伤心吗？/委屈吗？/……"

听孩子的观点看法

"你是怎么看待这件事的？"

"朋友这么做，你赞同吗？如果是你，你会怎么做呢？"

听孩子的需求

"这件事，你希望是什么样的结果？"

"对方怎么做，你会开心一些？"

不打断。 在孩子表达情绪时，不要打断他们的发言，给予他们充足的时间来表达自己的感受。即使你心里不赞成或者不能理解孩子的想法，也耐心地听他讲完！因为对抑郁的孩子来说，无所顾忌地倾诉自己不是一件容易的事情，可能即使你的打断没有恶意，他们也会受挫。

给足空间，默默陪伴。 我们要学习当一个树洞而不是指导者。

真诚地回应。 虽然以默默倾听为主，但我们也不能毫无反馈，我们要时不时回应，让孩子感觉到我们的心一直在场。我们可以用极短的言语来承接孩子的话，比如"嗯嗯""哦""这样啊""然后呢""就是啊""是呢"等。

对于抑郁的孩子来说，缺乏专业性的自以为是的语言安慰反而会对他造成更大的伤害，比如：

"其实没啥大事，想开点儿就好了。我当年比这难多了，都过来了……"（×）

解析：抑郁的痛苦不是"想开"就能解决的。

"这点挫折不算什么，别人比你严重多了，你看看谁家……所以别难过了，好起来吧。"（×）

解析：痛苦不是用来比较的。他人的痛苦不能抵消孩子的痛苦。心灵痛苦没有明显外伤，反而更不容易得到支持。

"睡一觉吧，明天你就会感觉好多了。"（×）

解析：孩子比谁都想好起来，可能他无数个明天都验证过了，痛苦一直都在。

最后，请不要轻易放弃。

如果孩子一开始将你拒之门外，表现出不太愿意和你沟通的样子，可能有两种原因，一是因为你们之前的沟通不太愉快，孩子不相信你能倾听他、理解他；二是孩子想要沟通，但他觉得很难表达清楚自己的感受，不相信父母能够听懂。这时，父母不要放弃，要多向孩子表达——自己关心他，非常愿意倾听他，愿意努力去理解他的感受，希望孩子给彼此一个机会，希望孩子可以试试，如果沟通过程中有让他不舒服的地方，可以表达出来。

总之，让孩子感受到你的真诚，然后在一次次沟通中，逐渐让孩子感受到你真的在认真倾听，在努力理解他，在接纳和拥抱这个真实的他。慢慢地，孩子就会愿意把你当成倾诉对象。

提供"情绪镜子"——理解和反馈

如果说"情绪抱抱"的难度是1.0，那么"情绪镜子"的难度就是2.0。"情绪抱抱"更多强调父母对情绪的容纳，在孩子倾诉时能克制自己的观点和态度，给予孩子诉说空间。这时温柔的父母就像一个摇篮或怀抱，给予孩子安全感和归属感。

"情绪镜子"要在"情绪抱抱"的基础上添加互动，父母需要像一面镜子，有映照孩子情绪的能力，让孩子进一步直观地看到自己那些说不清道不明的强烈感受是被父母照见的、理解的，这种能力在心理学上也被称为"镜映"。

在孩子小时候，父母的"镜映"功能可以帮助孩子识别、理解、消化那些或复杂或强烈的情绪，进而逐渐形成情绪管理能力，而这恰恰是抑郁孩子所需要的能力。

那么，我们如何提供"情绪镜子"，给予孩子反馈和理解呢？

首先，我们要提高自身对情绪的理解能力。如果我们自己都无法识别、理解情绪，又怎么能"镜映"出孩子的情绪？

识别情绪

情绪有很多种，可以分为基本情绪和复合情绪。基本情绪是与生俱来的，是跨越文化的，包括悲伤、愤怒、惊讶、恐惧、厌恶、愉悦等；复杂情绪是后天学来的，是由若干种基本情绪复合而成，比如窘迫、内疚、焦虑、羞耻等。

一个人从早上醒来开始，行为活动过程中就充满各种各样的情绪，甚至晚上做梦时都有强烈的情绪。情绪渲染着生活的每时每刻，有数百个词汇可以描述我们的情绪体验。但描述情绪并不是一件简单的事，就像很多人总笼统地说自己"烦躁"，而烦躁里面包裹的情绪是什么并不知道。又比如很多人明明既委屈又愤怒，可是他只能说出愤怒。研究表明，人识别并给情绪命名，这本身就有疗愈作用，这意味着我们理解了情绪。所以，第一步，我们要练习扩充自己的情绪词汇库，能够使用更精确的情绪词汇。

理解情绪

我们不仅要识别情绪，还要学会理解情绪，就是明白这种情绪怎么来的，为何出现，它想告诉我们什么，而这一步必须建立在接纳自己情绪、看见自己情绪的基础上。试想一个总是回避自己痛苦情绪的人，是没有办法去体会自己的痛苦的，更无法做到理解其中信息并拥抱自己。比这更进一步的能力就是我们不仅能理解自己的情绪，还能理解他人的情绪，也就是俗话所说的"情商高"。

我们可以在平时多关注自己和周围的人的情绪，学习以慈悲的心态理解、关爱自己和他人。做到了这一点，才能进一步给予孩子情绪上的理解和支持。实际上，其中的关键有两步——命中孩子情绪感受，理解孩子情绪背后的信息。

命中情绪感受。

命中孩子情绪感受有两种情况，第一种情况比较简单，你很明白孩子的感受，这时你可以描述孩子的感受表达共情，比如"妈妈知道，这件事你很委屈""是呀，这真的太让人气愤了！""妈妈能理解你的焦虑和不安，这是正常的反应"。

第二种情况比较复杂，你需要先和孩子一起剖析他都有哪些感受，再用邀请性问话询问孩子的情绪感受。这时，孩子可能依然描述得不太清楚，这就需要家长帮助孩子逐步厘清。可以用**疑问的口吻**"你好像觉得很沮丧和失望，还有点儿生自己的气，对吗？"也可以用**代入式的口吻**"妈妈（爸爸）想了一下，如果我是你，也会生气，这个人怎么可以这样对你，你生气吗？"

听到这些同理性的询问后，孩子可能有如下反应。

猛点头——被完全戳中了。

有点吃惊或者茫然——可能命中了一部分，但是他对那种情绪有些陌生，比如"原来这就是羞耻（愧疚）……"；或者突然意识到原来如此，比如"原来我可以生气"。这时家长可以给孩子一定的空间去反应、咂摸，然后邀请孩子给予回馈——爸爸妈妈刚刚说得对吗，你是这么想的吗？

直接否定——没有命中，甚至错误。这时家长需要有耐心，不要因为孩子否认就生气，平和地邀请孩子继续探讨，再次倾听和感受孩子的心声。

总之，我们要有效地表达对孩子情绪的理解和共情，并帮孩子确认更为准确的情绪词汇。下面是孩子常见的情绪和相应的精确描述。家长平时可以用疑问的口吻和代入式的口吻，练习使用这些词汇。

快乐：满足、乐观、高兴、满意、快活、满怀希望、自豪、兴奋

伤心：悲伤、沮丧、失落、绝望、痛苦、郁闷、心碎

愤怒：恼怒、厌恶、不友好、暴躁、不满、觉得不公平

焦虑：紧张、不安、恐惧、担心、忧虑、害怕、惊慌

孤独：无助、孤单、没人陪、觉得被冷落、难以融入大家

自责：内疚、羞愧、后悔、不好意思、觉得自己做错了、觉得自己没用

疲倦：疲惫、很累、没精神、想睡觉、没力气

失望：遗憾、灰心、意志消沉、对未来失去信心

压力：紧张、烦躁、心理负担、压抑、逃避

迷茫：困惑、不知所措、迷失方向

忧郁：沉闷、消沉、无欲望、失去兴趣

厌倦：无聊、对一切失去兴趣

焦躁：焦躁不安、坐立不安、无法静心

羞愧：尴尬、难堪、想躲起来、自卑

渴望：渴求、热切期盼、渴望改变

注意：要避免评判和否定。例如，避免说"你为什么这么难过？"而要说"我能感受到你现在感到很沮丧，我可以帮助你"。

理解情绪来源。

能够命中情绪是第一步，第二步就是要能帮孩子理出这种情绪出现的原因。这会让孩子更好地接纳自己的情绪，继而慢慢习得容纳和消化自己各种情绪的能力。让我们通过下面的例子来说明如何更好地理解情绪来源。

举例

小红这天回来大哭，说自己不想上学了，父母和她初步交流，

并且抱了抱痛苦的孩子后，开始询问。

父母：亲爱的，我们很理解你的感受。可以告诉我们为什么上学会让你感到这么痛苦吗？【询问痛苦情绪的原因。】

孩子：我不知道，我就是觉得特别沮丧，每天早上起床就感觉没有一丝动力去上学，而且在学校里总是觉得孤独和无助。【孩子提供了新信息：沮丧，孤独无助，起床无动力。】

父母：我们明白了，听到你这样说心疼死我们了。我们想告诉你，你的感受很重要，我们愿意倾听并支持你。除了上学之外，还有其他的事情让你感到痛苦吗？【表达心疼：心疼展示了对孩子的接纳和理解。进一步询问细节，尽可能掌握事情的全貌。】

孩子：有时候，我会觉得自己无法集中注意力，无法完成作业，这让我感到沮丧和失望。【孩子提供新信息：注意力无法集中导致作业完不成，这种结果又加重沮丧感和对自己的失望。】

父母：听起来，好好上课、完成作业这对你来说是很困难的。【对孩子的困境表示理解。】但请相信，我们都在这里支持你。【表达支持。】也许我们可以和学校老师交流，看看有什么方法可以帮助你更好地应对学习问题。此外，我们也可以找专业的心理咨询师，一起聊一聊。【利用社会支持系统提供帮助，而不是还要求困境中的孩子靠自己。】

孩子：真的吗？你们会陪着我吗？我觉得我可能真的生病了。

父母：当然，我们会一直陪在你身边。【承诺陪伴和支持。】如果真的生病了，也不怕，你还有爸爸妈妈呢，我们一起想办法。【给予信念。】

孩子：可是我真的学不进去，我害怕老师批评我，也害怕自己成绩落后。【孩子的担忧。】

父母：我理解你的担忧。这样吧，我去和老师说说情况。同时我们也去看看医生，如果有必要的话我们就先休息养病。有了好的

身体才能更高效地学习。【理解孩子担忧，并给予支持。】

孩子：谢谢爸妈。

上述例子中，父母一边接纳、拥抱孩子的情绪（表达"心疼"），一边询问孩子情绪出现的原因（询问细节、厘清事情全貌），理解了孩子真正的困境。例子中父母还提供了解决方案——和老师交流、看医生、承诺陪伴。

当然这个例子是比较理想化的沟通。实际情况中，我们可能需要多轮沟通才能清楚孩子怎么了。重要的是父母要有耐心：即使有时孩子的想法和感受在父母看来似乎很不合理，但那就是孩子的真实感受。如果父母能够接纳，那孩子就不再是孤身一人在与抑郁抗争。抑郁的孩子最需要的就是来自家庭的理解与支持。

小提示

设定固定交流时间。

当父母具备基本的"情绪抱抱"和"情绪镜子"能力后，可以设定每天固定交流的时间，比如每天孩子睡前的十五分钟。注意这个时间段必须是和孩子面对面交流，并且把注意力完全放在孩子身上，不要分心做其他事情，不要被手机干扰。

这样做除了可以给予孩子情绪滋养外，还能让孩子有稳定的预期。高质量的倾听很难随时随地发生，父母有时也分身乏术，可能当下无法给予孩子支持。但孩子可以等待，因为他知道到这个时段，父母一定会来找自己，且父母在这个时刻是有能量的，这是属于父母给予他情绪滋养的时刻。

提供"情绪出口"——愤怒的闸口

举例

　　传说战国时代的齐王患了怪病，请宋国名医文挚来诊治。文挚详细诊断后对太子说："齐王的病只有用激怒的方法来理疗才能治好，如果我激怒了齐王，他肯定要把我杀死的。"太子听了恳求道："只要能治好父王的病，我和母后一定保证你的生命安全。"文挚推辞不过，只得应允。当即与齐王约好看病的时间，结果第一次文挚没有来；又约第二次，第二次也没来；又约第三次，第三次同样失约。齐王见文挚恭请不到，连续三次失约，非常恼怒，痛骂不止。过了几天文挚突然来了，连礼也不见，鞋也不脱，就上到齐王的床铺上问疾看病，并且粗话野话激怒齐王，齐王实在忍耐不住了，便起身大骂文挚，一怒一骂，郁闷一泻，齐王的病也好了。

　　故事中的医生巧妙地用愤怒化解了齐王的病。虽然齐王的病与我们现在所说的抑郁症并非同一种病症，但愤怒对于处于情绪困境中的人来说确实是一个很重要的出口。

原理——攻击性和抑郁

　　精神分析流派认为"攻击性"是与生俱来的，是一种原始生命力，等同于活力与动力，是情绪发展的核心。比如你在台上讲话的时候渴望他人尊重你，认真听你讲，有人敷衍不认真听，你就会很生气；被人欺负了或者遭遇不合理的对待，你会本能想反击回去……这些都是"攻击性"的表现。如果一个人的"攻击性"不能合理地表达出来，就容易出现心理困境。抑郁症患者很主要的一个病因是长期地压抑"攻击"冲动，导致痛苦的沉积。

有的家庭不太能够容忍孩子表达愤怒，或者孩子任何自主的想法和抗拒的表达都要被制止。"攻击"如果不能指向外部，便会指向自身，最不好的结果就是抑郁甚至自杀。所以，适当表达自己的愤怒，是有利于身心健康的。

将抑郁症孩子的愤怒由内部引导到外部

接纳和理解孩子的愤怒。当孩子遇到令他愤怒的事情，和孩子交流时，使用"情绪抱抱"和"情绪镜子"，接纳孩子的愤怒，引导孩子寻找愤怒的根源。因为抑郁的孩子很难直爽地表达对他人的愤怒，所以过程中要引导孩子意识到愤怒是一种正常的情绪，与其他情绪一样，它也有存在的合理性和功能，如果换成别人遇到这件事也会很愤怒，以增强孩子对自己愤怒感受的接纳。同时尝试和孩子探索愤怒的来源。孩子越能说清楚自己愤怒的原因，越代表他可以为自己的感受发声。在孩子做不到这点时，父母可以做出示范，而不要着急——"为自己发声都不会"。

帮助孩子学会表达愤怒，解决冲突。沟通得越充分，孩子就越能针对事件更直接地表达出愤怒。孩子可能惧怕正面的冲突，父母可以先和孩子一起模拟演练"某某某，我很愤怒，因为……"熟练后鼓励孩子去和当事人表达，但初期不要勉强孩子这样做，可以先多和孩子聊聊他不敢和当事人表达的原因，听听孩子的焦虑和担忧。这个练习表达愤怒、直面冲突的过程，就是孩子在学会明确表达需求和边界的过程。

愤怒的释放。抑郁的孩子内心早已积压了很多愤怒和委屈，可以通过一些小游戏帮助孩子释放这些压抑的情绪。

撕纸：每人准备3～6张空白纸。和孩子一起，将最近两周愤怒的、不爽的、不舒服的人和事以及当时的情绪写在纸上。写完后，用自己最痛快的方式把纸撕碎。然后大家一起把所有的纸屑抛向空中。

踩气球：准备若干个气球。每说出一件烦心事，就踩爆一个气球。

演戏：可以对着空气或者对着玩偶，假装他们就是令自己愤怒的人和事，对着他们表达愤怒，可以肆无忌惮地说，越痛快越好。

涂鸦：准备一张尽量大的纸，想着自己的烦心事，拿着笔将心情涂抹出来，画成什么样都可以。然后相互说说自己画了什么，过程中不要评判对方的情绪和观点，只是倾听。

请注意这些释放愤怒的方法均是游戏，而游戏的目的在于让孩子在安全的、舒适的氛围中，放松地、自由地抒发自己的愤怒。当孩子还不敢向真实的外界表达愤怒时，游戏是一种很好的途径。

为什么有些抑郁的孩子像发了疯一样发泄自己情绪？他们看起来很会表达愤怒。

其实不是的。他们的愤怒是一种扭曲后的释放。

有一名抑郁患者回忆了他的一次大吵大闹。他的父母知道他患了抑郁症，但是总觉得没啥大事，并且无视他的各种诉求。他想去医院看病，结果妈妈说去医院要花钱。后来他终于忍不住，发了一阵火，妈妈才意识到他的需要，同意他看病。他说："感觉没有人能懂我失眠、焦虑和暗无天日的痛苦，我只能表现得很'疯狂'，他们才懂我。"

暴怒、自伤、尖叫、破坏并不意味着他们会表达愤怒，这只是缓解内心痛苦情绪的一种方式，因为只有这样做，才能最快得到来自外界的关注。用极端的方式发泄情绪背后，是孩子用尽全部的力气，向我们呼喊——"我好难受，但不知道该怎么办"。

而这样的愤怒是非常需要父母能够看到和理解的，我们要去"抱抱"孩子，"抱抱"他愤怒背后的委屈和无助。

有效支持之二——协助自尊提升

举例

　　小红是一个十四岁的女孩，被诊断为抑郁症。近几个月来，她变得沉默寡言，总是低着头躲避人群。

　　在学校里，小红曾经是一个优秀的学生，但病症使她上课难以专注，经常感到无力。当老师进行小组活动时，她通常选择自己一个人，因为她担心自己会拖累别人。她看着自己的成绩越来越糟，觉得自己很笨，比不上别人，这些负面的自我评价进一步加深了她的自卑感。

　　在社交方面，小红开始回避与同学互动，她担心自己会被拒绝或嘲笑。她害怕被别人看不起，对自己的兴趣和能力都缺乏自信，也觉得自己长得不漂亮，不受他人欢迎。这种自我怀疑和退缩行为进一步削弱了她的自尊心。

　　在家里，小红常常自责，认为自己达不到父母的期待，对家人没有帮助。她觉得自己无法胜任一些家务或学习任务，害怕失败和被批评。这种消极的自我反思对她的自尊造成了更大的冲击。

　　抑郁症的来袭，从方方面面摧残着孩子的自尊心。他们的学业、社交和家庭生活都受到了严重影响，导致孩子们对自己的能力和价值感到怀疑，并持有负面评价。这些感受又会进一步加重抑郁症症状，形成恶性循环。作为家长，我们可以采取积极的方式来帮助孩子提升自尊水平，打破这个循环。

　　本节我们将从去指责化沟通、挖掘孩子优势、应对消极思维三方面帮助抑郁症孩子重建自尊心，建立积极的自我认知，重新找回内心的光芒。

去指责化沟通

去指责化沟通指改变沟通中原有的指责方式，从指责化转向理解和支持，耐心倾听孩子的感受和想法，给予他们情感上的支持，同时也给予他们行为上的鼓励和指导。

常见的"指责化"沟通方式

批评和指责。直接指责或贬低孩子的行为或表现，给予负面评价，比如："你怎么这么笨？""你从来不听话！""我看你这样的，以后怎么办。"

比较和竞争。常常将自己的孩子与其他孩子做比较，强调其他孩子的优点和成就，以此来指责自己的孩子的不足之处。"你看别人家的孩子……"

过度干涉。对孩子自己的事务过分干涉和指导，不给予孩子自主决策和表达意见的权力，却要孩子达到自己的期望和目标。例如，孩子可能正在选择一个课外活动，但家长却对其加以质疑，质问为什么选择这个活动，而不选择另一个活动，并试图强迫孩子做出特定的选择。

完美主义。孩子不管做什么，似乎都很难得到赞赏，父母永远有更高的标准。比如，孩子考了班级第一，很高兴，父母却说"别骄傲，下次还要考班级第一，并且要冲击年级第一"。

忽视和冷漠。对孩子的感受和需求缺乏关注和关心，没有消极反馈也没有积极反馈。这点看似没有给予负面反馈，但是忽略本身就是对孩子最大的否定。被人当空气的滋味是最不舒服的。

以上几种情况，作为父母，你存在几种？从现在开始，我们要规避以上几种指责化的沟通方式，用"支持"和"鼓励"式的方式与孩子沟通。

"支持"和"鼓励"式的对话

第一步，清空偏见，了解事实。

有时候我们忍不住指责孩子，是因为我们看不下去他们"错"的行为，觉得本应该做到的事情却做不到，甚至觉得孩子是故意气我们。但事实很有可能是我们无法感同身受孩子面临的难关。

比如孩子不愿意上学，我们可能会指责他不上进、懒惰。但实际上，他有可能正面临隐形欺凌问题，导致他对学校感到恐惧和不安；也有可能他正在面临巨大的学业上的压力和焦虑，无法自我排解；也有可能是抑郁症的影响使他缺乏行动力，也害怕社交。但是，不论哪种原因，孩子很难具体描述时，如果父母再来一句"谁上学不累"或者"谁还没有一点困难和挫折"这样的话，就彻底堵死了和孩子沟通的路。

所以，第一步是放下我们想当然的态度，俯身入局，设身处地地了解孩子眼里的事实和孩子的具体困难。以下是一份沟通指导。

1. 我看到在这个事情中，你的困难是……【用上一节提到的"情绪镜子"，看见孩子的困境。】

2. 之所以这样，你觉得原因是？/为什么会这样？你可以告诉我发生了什么吗？【先听听孩子的想法，然后再补充自己的见解。总之，对孩子现在的局面要充分理解，让孩子感受到支持。】

3. 接下来你打算怎么做？/接下来，你觉得怎么样比较好？/有什么想法？还有吗？【挖掘孩子自己的潜能。开放式的提问方式，引导孩子思考和表达。不管孩子能想出几个方案，父母不要着急，多等孩子想想。如果你觉得孩子想法不错，要多认可，让他们感受到自己解决问题的能力和价值，不要轻易否定孩子的想法。】

4. 需要我帮助吗？需要我们一起想办法吗？如果你需要，随时找我。【提供帮助和支持，让孩子感受到父母永远是靠谱的后盾力量。而征求孩子意见，一是尊重孩子意愿，可能有时孩子更愿意自己再想想；二是让孩子学会求助，父母是他们的第一资源后备军。】

小提示

有的孩子也会"故意"犯错，而不是真的遇到困难。为什么？很多"熊孩子"故意犯错，往往是想引起父母关注，或者表达对父母的反抗。不管是哪一种，孩子"错误行为"的解决不在表面，而在根上——亲子关系。所以此时，批评指责也是没有用的，而是思考亲子关系哪里出了问题，加强陪伴或尊重，以修复关系。

第二步，降低标准，循序渐进。

有时候我们忍不住指责孩子，是因为我们站在全能视角，设立的标准太高了。这时就要适当调整标准：比如，孩子从小没有养成分担家务的好习惯，然而随着孩子长大，你觉得他应该主动学会承担家务，起码学会饭后收拾厨房。但是你发现他就只是洗了碗，锅没有洗，灶台没有擦，餐桌没有擦。你非常生气，于是训了他一顿。其实在孩子的意识中，"洗碗就是把碗洗了，不包括收拾厨房"。如果你了解这一点，就可以随着时间的推移循序渐进地要求他，先要求洗碗，再加擦桌子，再加擦灶台，一个台阶一个台阶地来。这样的小步子前进，孩子不觉得太辛苦，也容易获得成就感。

随着孩子年龄增大，自主意识越来越强，我们要学会尊重孩子的个人意志，尤其是青春期的孩子。比如孩子房间的卫生，可以由孩子自己做决定、自己负责，或者和孩子一起协商出一个标准，由孩子自己负责，父母只进行监督。不要"一言堂"，适当归还孩子的自主权，成为孩子的协助者，而不是孩子的主导者。抑郁的孩子内心常常缺失对自己的把控感，有意识地放权，让孩子自己的事情自己决定，可以增强孩子的自主感。同时父母也要学着容忍孩子一时的"犯错"和"不够好"。

第三步，看到变化，及时反馈。

有时候，我们忍不住指责孩子，是因为我们忽略了孩子细小的进步。比如，孩子非常社恐，加上抑郁症的影响，更加躲避社交。如果把孩子的行为想象成一个饼图，红色区域为目标行为——进行社交，蓝色区域是非目标行为——社交退缩。孩子的红色面积很小，蓝色面积很大。我们总是着急地等待红色面积赶紧变多，但过一段时间一眼望去，蓝色面积还是那么大。这时，我们就更加着急，甚至归因于孩子努力不够。

停！我们的聚焦点错了。不要总是去盯着蓝色部分，而要紧盯着红色部分——像侦察兵一样敏锐，但凡有一点点变化，请表扬孩子的进步！

请反复提醒自己的聚焦点，试着忽略蓝色区域，聚焦红色区域。当发现孩子有任何积极的行为或进步时，及时给予他们肯定和赞扬。比如"你今天尝试了和朋友发信息，虽然只有几句话，但是我想你也一定花了很多力气。你已经很棒了！不用着急，你已经走出了第一步。"

允许红色区域里的行为在一段时间内进步缓慢甚至停摆，但是要有信心，因为孩子每前进一小步，都是在更上一层楼。

挖掘孩子优势

抑郁的孩子缺少自我认同，总给自己贴上"我不能""做不到"之类的标签。这种缺乏自我认同的状态使他们难以建立积极的自我形象，无法准确看待自己的优点和价值，进而导致他们对自己的能力和可能性产生怀疑。因此，支持性的父母需要帮助孩子意识到自己的价值和潜力，鼓励他们发展和运用自己的优点和才能，重建对自己的信心和自我认同。

拥有一双发现美的眼睛

> **快问快答：**
>
> 请立即说出孩子的五个缺点。
>
> 请立即说出孩子的五个优点。
>
> 请问，哪个对你来说更容易？

很多父母希望孩子变得更加优秀，无意中总是关注孩子的缺点，却没有花费同等的注意力来观察孩子的优点。如果父母可以发自内心地欣赏孩子，为其感到骄傲，并把这种感觉持续地传递给孩子，会有效改变孩子的自我认知，提升他的自我价值感。

那如何发自内心欣赏自己的孩子呢？这里提供两个建议。

建议一：跳出常规价值排序。

所谓"常规排序"，就是一种被普遍认同的"好"与"不好"的标准。比如，我们常常认为外向比内向好，勇敢比胆小好，坚强比敏感好，等等。这些标准就像一把尺子，我们常常用它来衡量孩子，却忽略了每个孩子都是独特的，每种特质都有它的价值。

这就好比在白天，月亮和太阳同时出现，这时的月亮无论如何都是暗淡无光的；但如果在夜晚，皎洁的月亮就显得明亮美丽。所以，月亮之所以被赞美，是我们学会了在黑夜欣赏它。如果你还没有发现孩子的闪光点，换个视角，不用总是停留在"白昼"。

比如孩子很内向，不爱和不熟悉的人说话。可当我们真正明白内向和外向的深层区别时，就会知道内向的孩子优势很多，他们更加深思熟虑、有良好的倾听能力、有高度专注力，独处也使得他们更有创造力。因此，我们应该认识到内向性格的独特优势，并给予他们应有的认可和支持。只要孩子发挥出内向的优势，而不是强扭自己伪装成外向的人，就会活出自己的精彩。

再比如，在很多常规排序中，胆大比胆小好，果断比纠结好，钝感力比敏感好。但你能看到在后者中包裹着孩子的很多闪光点吗？如果你能看到并给予孩子赞赏的反馈，孩子也能学会用这样的眼光看自己，并在生活中使用这份优势。

胆小——思虑周全，观察细致，有耐心；

纠结——深思熟虑，分析和推理能力强，有责任感；

敏感——情感丰富，同理心强，善于深度思考，有艺术才能；

内向——对世界和人生有深度思考和洞察力，自我反省能力强。

请思考：抑郁的孩子身上隐藏的优点很多。你还能发现哪些？

跳出常规价值排序，发现孩子的优势，对抑郁孩子很重要，因为孩子抑郁的一个重要原因是压抑真实的自我，他们不相信也没有体验过真实的自我也是被人欣赏和喜欢的。所以有些抑郁的孩子明明很优秀，他们学习好、有礼貌、懂事，父母和老师都会夸赞，可还是闷闷不乐，并且没有自信。原因是成绩好、懂事等优秀品质是较常见的被认可的，他们为了得到外界认可或免于批评而要求自己变成这样。但是在这部分之外他们有自己独特的个性，他们害怕自己独特的部分是不被喜欢的。父母可以和孩子一起探索在常规的价值排序之外，孩子有哪些深层的优势，而这些很有可能是孩子今后精彩生活的基石。

建议二：拓宽领域，丰富孩子的世界。

青春期的孩子本来就有一个重要的任务：探索世界，在这个过程中发现自我。这意味着，孩子的自我认知处在一个动态的开放阶段。

这时家长可以与孩子一起探索他们真正感兴趣和擅长的领域，帮助他们保持开放心态，更新对自己的优点和价值的认识。探索方式包括但不限于：

> 报各类兴趣班、特长班；
>
> 去父母的工作环境体验；
>
> 参观博物馆、科技馆、美术馆；
>
> 参加各种活动和赛事；
>
> 外出旅游……

在这个过程中，鼓励他们参与感兴趣的活动，多和孩子交流他的感受，鼓励孩子分享新的想法或者收获，并在其中挖掘孩子的优势，反馈给孩子，让他们体验到成就感。

帮孩子撕标签

抑郁症的孩子会固化自己的负面自我评价和标签，家长如何帮助孩子撕掉这些负面标签？有两招提供给家长。

第一招：找例外，不要以偏概全。

比如，孩子总是觉得自己很笨，家长可以和孩子探寻他这么说的原因。如果孩子说"我学习很差，学得也很慢"，这时家长就可以"找茬"，孩子是在所有方面都学得慢、学得差吗？有可能他只是数学差，但语文就不错。也有可能他所有学科都学得差，但是他的吉他学得很快。总之，和孩子一起找出很多的"例外"，来反驳孩子的观点，让孩子注意到，他在其他方面学得好、学得快。

第二招：另辟蹊径，找到价值。

抑郁的孩子总是习惯性地贬低自己，也总能找到贬低自己的"证据"。这个时候家长要用发散的思维看待，不要陷在孩子逻辑的死胡同里，要在同一情境下另辟蹊径发现孩子独特的闪光点。

小红的性格很内向，不喜欢在人前表现。她总是被家人和老师评价为不主动、不敢表现自己。小红也觉得自己这样很不好，并因此而自卑。

有一次小红和家人亲友一起去KTV唱歌，小红一进去后便坐在角落，打着节拍，不管谁唱歌一直在打节拍。这期间，妈妈不停地催促、鼓励她也上去唱两首歌，希望她展现自己、锻炼自己，但是小红真的不喜欢，同时也很痛苦，她觉得自己真的太胆小了，太"拿不出手"了，肯定不受人欢迎。

如果是你，你会怎么开导小红？

小红的表哥恰好在场，看到小红越来越低的头，表哥大声地说："小红，我看到你一进来就在打拍子，还调灯光，我唱的每一首歌，你都在打节拍，而且打得好准，你太给力了，简直是最强暖场王！有你在，我歌都唱得更有劲了，谢谢你。"

在小红和妈妈都给自己贴了"胆小""不敢展示自己"的标签时，表哥却看到并承认了小红的价值——暖场王。小红有了表哥的认可，反而不会再执着于自己不去唱歌是不是很丢人，而是快乐地享受为大家打节拍这件事。

就像一个乐队中不可能所有人都当主唱一样，人不管在什么位置上，都可以发挥自己的价值。当孩子贬低自己时，我们也许不用鼓励孩子在他们认为的"短板"上"继续努力和加油"，而是另辟蹊径，让孩子充分看到自己现有的价值，激活他的自豪感。

正向强化，学会夸赞

正向强化是一种行为心理学的概念，指的是通过给予积极的反馈、奖励，来促进积极的行为和习惯的形成，同时减少或消除负面行为。当孩子展示出期望的行为时，家长可以使用积极的强化手段，比如口头赞美、小礼物或其他鼓励措施，来增加该行为的发生概率。通过正向强化，孩子会得到积极的反馈和体验，从而提升他们的自信心和动力，进一步推动他们积极参与和表现。

需要注意的是，奖励应该是有意义和有吸引力的，是孩子真心想要的，你的赞赏也要真诚，如果敷衍孩子会感受得到。那么，如何真诚而有效地夸赞孩子？可以试试以下三点。

第一点，注重过程而非结果。

当孩子努力完成一项任务时，家长可以关注他们付出的努力和持续的进步，而非最终的结果。抑郁的孩子往往非常在乎结果是否完美——"如果我考不好，就意味着我不好""如果我没得奖，就意味着我不行"。过于在乎结果，还会让孩子在准备过程中过度焦虑、紧张。我们要把孩子的评价参考轴从结果转向过程，强调过程中的收获，学会享受过程中的每一点进步和喜悦。

我注意到你在这个任务上花了很多时间和精力【具体描述孩子过程中的付出和努力之处】，我能看到你的进步和收获，比如……【强调过程中细小的获得感和成就感】

要点：基于过程思维，父母在孩子努力的过程中就要多和孩子交流，听他一点一滴的想法和收获，做到及时的反馈和欣赏，让孩子也关注自己过程中的收获，而不仅仅是在出结果时才交流。

第二点，夸赞具体事实而非笼统评价。

有时，我们夸孩子的方式太过笼统和肤浅，比如"你真聪明""你真棒""你很优秀"。这种夸赞多了会让人感觉两脚不沾地，因为"聪明""优秀"没有和具体的事实结合起来。

孩子，你好棒【可以先笼统夸赞】。我看到你在做这件事时做了……【具体描述孩子做了什么，将你夸赞的原因具体化】，我觉得这样的你……【加具体品质，而不是停留在笼统标签上】

比如孩子今天干了家务，把家里收拾得很干净。你看到后很欣慰，也很惊喜。你可以说："宝贝，你好棒啊。你竟然把家里打扫得那么干净。每个房间你都打扫了，而且我看到，这次厨房的灶台你也擦了（假如以前没有擦过），厕所的垃圾袋你都换了！好细心！而且肯定干了很久吧（和孩子交流，听听他怎么干的，他的心得和感受）。辛苦吗？要不我们今天出去吃顿好吃的（除了口头赞赏，可以加物质奖励）。"

要点：具体指出孩子在某个领域或任务中表现出的优点和能力，而不是泛泛地夸赞他们。

第三点，表达感谢而非夸赞。

每当孩子做出对家庭或他人有益的行为时，家长可以表达感激之情，而不是夸赞。夸赞和表扬有时候是一种上对下的评价，而感谢却是一种平等和尊重。

青春期的孩子更渴望被平等和尊重地对待。

孩子，谢谢你【表达感谢】。你今天做了……，所以妈妈/爸爸/

家人……【具体孩子做了什么，如何让你和家人受益】。我/我们太开心了【受益后的心情】，谢谢你。

像我们前面举的做家务的例子，家长可以这样表达感谢："谢谢你今天做了这些。我本来还想今天上班好累，回来还要打扫房间，好累啊。没想到我的宝贝全做了！妈妈太谢谢你了，今晚妈妈可以好好休息了！"

对孩子表达感谢有以下好处。

提升孩子的自尊和价值感。感谢孩子可以让他们感受到他们的存在和行为对于他人的重要性。孩子会感到自己很有价值感。

帮孩子建立内在的动机。当孩子意识到他们的行为受到他人的感激和认可时，他们会更有动力去重复积极的行为，而不是仅仅为了获得外部的夸赞。

培养孩子的感恩之心。孩子接收家人真心的感谢，从而感受到自己的付出是被看到、被珍惜的。从而，他们也学会欣赏和珍惜别人对他们的付出。

除了以上三点外，我们在夸赞孩子时，还需注意以下几点。

频繁夸赞。不要吝啬夸赞孩子，尽量经常性地表达对他们的认可和鼓励。

专注于个人进步。比较孩子自己的个人进步，而不是与他人相比，帮助他们意识到人们是在各自领域中成长和进步的。

倾听和重视。夸赞不是父母的单向输出。给孩子充分的表达空间，听孩子自己的感受和想法。当日积月累，孩子内化了父母欣赏的眼光，便可以自己主动欣赏和认可自己。

应对消极思维

抑郁症患者普遍具有对自我、他人和周围世界的负面想法，类似于"我是一个失败者""这些经历是没有什么价值的""周围的人都不会喜欢我""无论我做什么都不会成功"等自我贬低、低自尊的负性信念。这些消极思维大家都会有，但在抑郁时，人更容易陷入这些思维陷阱，而这样的思维方式又极大地影响人们的情绪和行为。一旦这些想法发生改变，变得积极或中性一些，患者的抑郁症状就能得到缓解。

所以，我们应该帮助孩子应对消极思维，教给他们一些积极的替代性想法。

识别消极思维

消极思维是抑郁症的一个重要特征，但这些消极思维方式往往是自动化生成的，所以能识别并观察到它们是第一步。这可以帮助孩子觉察自己何时又开始陷入了影响他情绪和行为的消极认知了。

以下为常见的10种消极思维方式。

第1种——全或无。

从绝对或极端的角度看待事物，认为要么是完美的，要么是不可接受的。

"我必须把每件事做好，否则就没有人爱我。"

"没有人会爱我。"

第2种——全盘否定。

对事物评价非黑即白，没有中间地带。爱使用"总是""从不"这样的词汇。

"我总是把事情搞砸。"

"我做事毫无效率。"

第3种——预测灾难。

总是预期糟糕的结果或灾难性后果，认为情况令人绝望。

"考不上大学，我的人生就完蛋了。"

第4种——忽略积极信息。

只关注负面的信息，而忽视了积极信息。

在一次整体愉快的晚餐中，总是揪着尴尬时刻不放。

第5种——个人化。

为无须负责的事件承担责任；或者将事情的责任完全归咎于自己，而不考虑其他因素的影响。

与他人发生冲突时，会认为自己是问题的根源，而忽视了其他人的行为或环境的因素，认为"全都怪我"。

朋友没回信息，认为朋友生自己气或者自己不讨人喜欢。

第6种——标签化。

给自己、他人、世界贴上消极简单的标签，并将这些标签作为对认知的唯一依据。

"我不够好。""他们是自私的。"

第7种——会"读心术"。

抱有自己知道他人想法的错误信念，并以此做出负面判断。

"她一定是在心里嘲笑我。""他绝对就是这样想的。"

第8种——情绪推理。

基于情绪感受得出结论，而不考虑客观证据。

"我现在感觉很痛苦。我将来也永远不会快乐。"

第9种——应该思维。

对自己制定过高的标准和要求，认为一定要达到这些标准才能被接受。经常使用"必须""应该""不得不"等词汇。

"我必须完美。"

"我应该照顾别人情绪，顾全大局。"

第10种——消极推论。

在没有任何证据和迹象支持的情况下得出消极结论。

"我不会找他求助，因为他一定不会理解我的。"

"我必定被拒绝。"

那么，如何在日常生活中帮助孩子识别出这些自动化思维呢？

情绪反应和想法直接相关，就像经典的半杯水理论，看待半杯水的思维方式决定了心情的好坏。所以，我们可以倒推，当自己心情低落或者痛苦时，背后隐藏了某个消极思维。所以可以把情绪当作线索，来揪出消极思维。

我们可以使用消极思维识别卡，来帮助我们记录孩子的自动化思维。

● 首先让孩子关注自己情绪的变化；

● 当情绪变化或负性情绪增强时，或者产生功能不良行为或负性情绪相关的躯体感觉时，问孩子，"刚刚脑中想起了什么？"——识别自动思维；

● 记录下这些"自动思维"。

消极思维识别卡

情绪：＿＿＿＿＿＿＿＿＿＿＿＿＿＿＿＿＿＿＿＿＿＿＿＿

情境：＿＿＿＿＿＿＿＿＿＿＿＿＿＿＿＿＿＿＿＿＿＿＿＿

相关的想法：＿＿＿＿＿＿＿＿＿＿＿＿＿＿＿＿＿＿＿＿

多记录一段时间，便会发现那些常自动启动且对孩子情绪影响强烈的消极思维，这些思维容易一触即发，且在孩子的抑郁症中起到关键作用。

纠正消极思维

识别出消极思维后，我们就该想办法应对它们了。这些消极思维在脑子里已经驻扎了很多年，想要打败它们，并让新的积极的思维进驻，需要额外花一番力气。

抑郁症会让孩子有消极思考倾向，倾向于搜集支持消极思维的信息、证据。这种倾向再次验证、强化了孩子的消极信念，形成逻辑闭环。想打破这个闭环，就要有意识地寻找证据来否定消极思维。这就像辩论赛的选手为了驳倒对方而寻找证据。

当孩子再次陷入消极思维时，我们可以和孩子探讨以下问题：

- 支持这个想法的证据是什么？

- 反对这个想法的证据是什么？

- 有没有别的解释或观点？

- 最坏的情况可能会发生什么？如果发生了，可以如何应对？

- 最好的结果是什么？

- 现实的结果是什么？

- 如果此刻相信这个想法，会带来什么结果？如果改变这个想法又会怎样？

- 如果是你的朋友处于相同的情境，也产生了这样的想法，你会给他什么建议？

经过这样的一番探讨后，我们还可以形成辩论成果表，让思考过程可视化。

例如，小布上高中后，觉得学习格外吃力，他这次考试语文很不理想。他觉得自己下次"一定会失败"，对未来两年的学习感到挫败和绝望，不想面对。但经过与父母的探讨后，他形成了新的想法和感受。

辩论成果表

支持性证据	反对性证据	思考证据，提出更具有平衡性的想法/结论	新的想法/结论带来的感受及感受的强度（0~10分）
-语文考试成绩很差。 -以前初中学习不吃力，现在很吃力。	-数学考得还不错。 -比较喜欢历史、政治课，感觉学到了很多新知识。 -已经报了课外辅导班，情况有可能会改善。	-虽然刚上高中，学习有挑战性，但经过努力，也许下次可以取得好成绩。 -虽然可能没有初中那么轻松，知识确实变得更难，但是我的收获也更多了，我还是在向前迈进。 -感兴趣的学科我可以多学点，分班的时候选择优势学科。	放松：7分 焦虑：6分 希望：8分

这个过程能够帮助孩子评估自己的自动化思维——我所想的一定是客观事实吗？还是只是我的一种想法？当找到反对消极思维的证据时，就可以证明自己以往的描述是不客观的，从而重塑积极思维，以更积极的思考方式影响情绪感受。

每次整理完消极思维识别卡和辩论成果表后，可以让孩子再加一句鼓励的总结，比如"如果我再因为xx自责的时候就提醒自己，谁都有犯错的时候，我也有做得很好的事情，比如xxx。"我们可以每天安排固定时间和孩子一起聊聊今天的卡片，这个过程会加强孩子对自动化消极思维的觉察，也是孩子自我鼓励、自我认可的强化过程。

有效支持之三——撬动积极行为

举例

　　小彭，15岁，被确诊为中度抑郁症。每天他去学校上课，却总是趴在桌子上，心中空荡荡的。他并不是在放松，而是缺乏行动力。即便是最简单的事情，像把一口饭菜放进嘴里、把手伸进衣服的袖子里，都需要他耗费极大的力气，更不用说上课、运动等需要大量脑力、体力才能进行的活动了。同时，抑郁症带来的睡眠紊乱和食欲减退让他备感疲惫。小彭也不希望自己的生活和学习一团糟，他也想勉励自己好好学习、运动，可是不仅没有动力，而且越逼自己，结果越糟糕。渐渐地，小彭失去了活力，整天躺在床上，连出门都很困难。小彭需要理解和关怀，以恢复他的活力和热情，重新拥抱生活的美好。

　　抑郁时不愿意行动，什么也不想做，在抑郁症中是很普遍的。抑郁的对立面不是快乐，而是活力。抑郁会让一个人失去活力，轻者失去学习或工作的动力，重者完全丧失行动力，连吃饭、穿衣等维持日常生命活动的事情都不愿意去做。这种什么都做不了的状态，孩子不会感到轻松，反而更加痛苦，因为原地踏步使他们非常焦虑恐惧，但想行动却动不起来，这又加重了焦虑和痛苦。

　　对于抑郁症的孩子来说，只要能动起来就是一个变好的开始了，而这本身非常困难。一方面，是因为身体发生了变化，包括大脑的神经递质的变化，体能变弱；另一方面，随着快乐感、希望感的丧失，孩子失去了内在的动力和心理的能量支撑，没有力量行动。就像手机需要充好电才能运行一样，抑郁的孩子也需要"充电"，需要重新获得活力、能量和掌控感。

本节将从激活孩子愉悦体验、帮助孩子实现目标行为、协助孩子减缓压力三个方面来帮助孩子开始行动，并从中获得心理能量。

激活愉悦体验

激活做事情时的愉悦体验，这种愉悦感会给孩子充电，愉悦感越多，孩子越有做事情的动力。

激活孩子的愉悦体验，最重要的就是增加快乐活动，减少痛苦活动。

这个听起来很简单，人的本能不就是增加快乐、减少痛苦吗？可是，对于抑郁的孩子来说，这份本能恰恰被破坏了，他们在日常生活中通常是退出了能带来成就感、愉悦感的活动，增加了维持或加强烦躁不安的行为，因此电量越来越少，抑郁症状不断加重。

以下这份行动指导可以帮助孩子恢复这个本能，父母可以和孩子一起完成。

积极感行动指导

从以往生活中寻找令人"烦躁不安"的活动。 判断该活动是"消极思维"导致，还是活动本身的问题，如果是消极思维，纠正消极思维（参考上一节）。如果是活动本身，考虑减少此类活动。

找到对于孩子而言稍微容易做的、可以带来收获和愉悦感的事情。 评估这件事可能带来的掌控感、愉悦感（0～9分评分），并在下一周的计划中，为此安排出具体时间。如果暂时想不到什么事情，可参考下面的活动清单。

- 看一部喜欢的电影/电视剧
- 完成一个拼图
- 写日记或绘制图画
- 玩桌游或其他益智游戏
- 练习瑜伽或冥想
- 和朋友通话
- 参观动物园或博物馆等

- 学习一门新的乐器或语言
- 去公园或海边散步
- 买自己最爱的零食
- 和父母一起快乐地做午餐
- 做手工
- 和宠物互动
- 听喜欢的歌

每次孩子积极主动时，都要及时夸赞孩子（因为对抑郁症患者来说，积极主动很不容易），并记录他事后感受到的掌控感、愉悦感（0~9分评分）。

请记住，每个孩子对活动的喜好和重视程度有所不同，因此最好与孩子一起讨论并选择适合他们的活动。如果可以，家长可以和孩子一起制作属于他的独有的快乐清单。

在这份行动指导中，有几个可能遇到的难点。

难点一：难以放下"痛苦活动"。虽然我们普通人也有很多"痛苦活动"要完成，但是因为我们生活中有来自快乐事情和人际关系的滋养，所以我们有电量应对不喜欢的任务。但是抑郁症的孩子本来电量就告急，这种情况下如果不休息，反而强行做困难任务，只会加重孩子的病情。但抑郁的孩子往往有"应该思维"，认为这是应该做的，或者必须做的，如果不做后果会很可怕，这种观念可能来自社会压力、家庭期望或内部自我要求。

比如小彭的父母重视小彭的成绩，给他报了课外辅导班，虽然小彭对这个辅导班不感兴趣，但他觉得自己应该参加，因为大家都参加，还可以满足父母的期望，如果他不这样做，会对不起父母。同时，他也怕成绩会落下，从此成为一个失败的人或不努力的人。这种焦虑和压力使他不敢不做这些"痛苦"的事，但却因为没有动力而做得"很糟"。

解决方法：在这种情况下，我们可以与孩子进行深入的对话，解释我们的爱和支持并不依赖于他参加这个辅导班。我们可以用上节提到的方式帮助孩子去除应该思维——不参加这个辅导班后果也不可怕，并帮助孩子理解自己的幸福和心理健康比其他人的看法和期望更重要。通过这种方式，孩子可以逐渐放下"痛苦活动"，并选择更符合他们兴趣和需求的活动。

难点二：难以找到"快乐活动"。有些孩子可能由于抑郁情绪而失去了对喜欢的活动的兴趣，甚至对任何活动都感到无趣。有可能他们压根不知道自己喜欢什么，对于尝试新的活动也缺乏动力。

解决方法：在这种情况下，父母可以与孩子一起回顾过去的经历，尤其是孩子过去曾经感到愉悦的活动。例如，父母可能会提醒孩子他们小时候喜欢画画，或者喜欢玩乐高积木。然后，父母可以鼓励孩子重新尝试这些过去的爱好，以恢复他们对这些活动的兴趣。

另外，父母还可以鼓励孩子尝试一些新的活动，以扩展他们的兴趣领域。例如，父母可以提议孩子尝试一节舞蹈课、一个音乐工作坊活动或一个户外冒险活动。鼓励孩子保持开放的态度，并告诉他们尝试新事物是一个探索自己并接纳自己喜欢的方式。

逐渐发现并培养孩子的兴趣爱好需要耐心和时间，但是一旦找到了适合他们的活动，他们可能会重新获得愉悦感。

难点三：家长难以放手。有的孩子知道自己喜欢什么，但活动安排都是父母的意志，自己没有选择权，感到不自由，所以为了表达不满而排斥活动。他们虽然需要家长的帮助和指导，但也需要拥有自主权。

解决方法：在这种情况下，我们要学着放手，给予孩子足够的自主权。孩子的事情要与孩子一起商讨，让他们参与决策的过程。鼓励孩子表达自己的想法和意见，并尊重他们的选择。逐渐地，通过给予孩子更多的自主权，他们可以学会独立做出喜欢的选择，从而提高行动力。

难点四：喜欢的活动难以持续。有时候孩子虽然确定了喜欢什么，也愿意做，但行动上仍然难以开启，或者做一下又停滞了。因为抑郁症孩子通常启动了"自我惩罚模式"——他们对自己的成就和努力缺乏肯定和奖励，对自己的过失和失败则过于苛刻，会进行过度的批评和指责，难以给予自己应有的奖励和认可。这会加剧他们的抑郁情绪。

解决方法：用"快乐模式"代替"惩罚模式"。例如，孩子喜欢画画并决定每天画一幅。我们需要给予孩子及时的、正面的反馈，不管他完成的事情有多少。比如他今天只是给一个图形上了色，孩子的自我惩罚倾向会让他认为"我真是废物，我这么喜欢画画，可我做这么一点就不做了，我果然一事无成"。这时我们要教会孩子用"快乐模式"，告诉孩子"今天上了色，这就已经很棒了！"同时，给孩子强调享受过程而不是结果，比如今天涂色过程的乐趣和满足感，这远比画完更重要。另外，有时孩子对自己喜欢的事很矛盾，觉得做这些是"不务正业"，自己不能这样荒废时间，否则以后的人生怎么办。这时，我们要给孩子做思想工作，我们都需要休息，现在快乐地画画比其他事情重要，只有身心健康了，才谈得上美好的未来。

目标实现技巧

抑郁时，孩子大部分时间都躺在床上，有时候十多天也不起床，连吃饭都很艰难。什么都不愿意做，什么都不会做，哪怕原来看起来极度简单的事情也是如此。要鼓励孩子起床，走出房间，或者与朋友交流，或者做有益于身心健康的活动，这些都可以减缓抑郁。问题是如何行动起来。我们可以通过设定目标，帮助孩子启动一些有益行为。

以目标为导向来提升抑郁症孩子的行动力可以帮助他们增加动力和积极性，提供行动焦点，增强自信心和自我效能感，以及建立日常结构和规律。

关于目标实现技巧，给家长提供一个方法和一个工具。

一个方法——拆解目标

当我们做一个复杂艰巨的任务时，与其大规模地解决一个大目标，不如将其分解，使其更小、更易于管理。庆祝微小的成功并在此基础上再接再厉，这就是目标拆解法。

对于抑郁症的孩子，这个方法的要点就是要将目标拆解得非常非常小！像起床、吃饭、上学、交友，这些简单的行为对于常人来说可能微不足道，但对于抑郁症患者来说却意味着巨大的努力，所以要从最简单的事情做起，每次只做一点点。然而，很多抑郁的孩子却很难做到这一点，因为他们总是试图做到和没生病时一样好。比如文中的小彭没发病时，记忆力很好，一节课可以背50个英语单词，但是发病后，他记忆力直线下降，什么都记不住。本来这是正常的，但小彭却特别着急，依然想每天背很多单词，背不完就崩溃。

那怎么办呢？首先，心态上，树立信心。让孩子意识到特殊时期降低标准不丢人。从简单的事情做起，每天只做一点点，也可以积少成多。持续的点滴小进步相比于逼迫自己大进步，前者效率更高。

其次，方法上，拆分目标。比如，小彭想背英文单词，那就以4~5个单词为一组，每天只攻克一组。再比如，孩子抑郁后嗜睡，如何让孩子起床出门，也需要分解成一步步：先从床上坐起来，然后穿好第一件衣服……然后梳洗……最后出门。这个过程可能要花1小时，父母可以在旁边耐心地一步步地鼓励。

最后，及时奖励。只要孩子完成一个小小的任务，父母就使劲夸赞，甚至可以给一些小奖励。渐渐地，当孩子感受到成就感和积极的反馈时，他们的活力和自信心会逐渐恢复。

一个工具——SMART目标管理法

SMART目标管理法是一种有效的目标设定和管理方法，它可以帮助人们制定具体、可衡量、可实现的与核心任务相关的目标。SMART是一个缩写，代表了以下五个标准：

S——具体(Specific)：这个目标是具体的、实际的吗？

M——可衡量(Measurable)：能以一种切实的方式追踪你在该目标的进展吗？

A——可实现(Achievable)：是否在你能力范围内？是否通过努力和计划可以实现？

R——相关(Relevant)：是否和你的核心价值一致？是否和你生活中重视的事物相关？

T——时间限定(Timely)：有明确的截止日期，以便给予时间压力和明确的时间框架吗？

提升抑郁症孩子的行动力，我们可以使用SMART目标管理法来帮助孩子建立并实现目标。

例如，小彭和父母交流后，决定开始锻炼身体，他们根据SMART原则，决定每天进行30分钟的户外运动。

具体(Specific)： 户外运动采用跑步、骑自行车或散步的形式。时间30分钟，时间和项目都是具体的。

可衡量(Measurable)： 每天记录运动的时间和方式，以便评估是否达到目标。

可实现(Achievable)： 根据孩子的身体条件和日常时间安排，确定每天进行30分钟的户外运动是可行的。

相关(Relevant)： 户外运动对于改善心理健康和抑郁症的症状有益，与孩子的目标和需求相关。

时间限定(Timely)： 设定一个明确的起始日期和截止日期，例如从今天开始，持续30天。

根据这五项原则，可以调整目标。比如现阶段孩子做不到每天30分钟，可以减少为15分钟，持续30天有困难那就改为7天，总之要符合孩子的实际情况。

我们在目标实现过程中可以提供支持和指导，监督孩子的运动进展，并与孩子一起评估和庆祝达到目标的进展。通过SMART目标管理方法，孩子可以逐步增强行动力和自我效能感，改善心理状态，减轻抑郁症症状。

协助孩子减缓压力

抑郁症的人往往对生活中的压力更加敏感，他们可能缺乏应对压力的能力和资源，更容易陷入无法适应压力的状态。而当孩子感受到过多的压力时，他们可能会感到无能为力和缺乏动力。压力增大时，可能导致注意力不集中、决策能力下降和行动力不足。当压力减少时，孩子更有可能积极主动，更愿意尝试新的事物和面对挑战。

我们来学习一种非常有效的减压方式——正念训练。

何为正念？

近几十年，正念被引入了心理学和心理治疗领域。特别是正念认知疗法，最初应用于预防抑郁症，之后被广泛应用到了许多生理和心理疾病应对中。不管是在缓解抑郁症症状方面，还是在预防抑郁症复发方面，该疗法都效果显著。

正念的定义为有意识地专注于当下，并且不对体验展开任何评判的能力。你也可以将正念看作是一种思维模式，在这种思维模式的作用下，你的注意力能够完全集中在眼前的事上，既不是刚刚发生的事，也不是未来将会发生的事，而是此刻正在发生的事。

比如，一个人"焦虑明天的演讲"，或者"我这样子太糟糕了"，前者就是注意力放在将来，后者就是对自己的评判。如果你留意自己的每一个念头和想法，你会发现做到专注当下和不评判是一件很难的事。

正念如何起效？

通过身体——正念冥想会训练我们有意识地放松身体，放慢呼吸，这会带来一系列的身体反应，比如心跳减慢、血压下降、睡眠改善等。这些身体反应会向大脑释放一些反馈信号，改善大脑的工作状态，从而起到对抗抑郁症的作用。

通过大脑——正念冥想的过程，就是我们有意识地控制自我意识，有距离和空间去觉察身体的自动化反应、大脑的自动化思维，不轻易被痛苦反应牵着走。

正念的练习需要一个学习的过程，目前也有很多相关的课程及工作室。可以咨询医生或心理咨询室的专业人员，请他们推荐合适的指导人员，或询问是否能自行练习。

心理急救：突发事件应对

阿华，一个15岁的青少年，是父母眼里的乖孩子，老师眼里的好学生。但阿华近来心理压力越来越大——他的父母期望他能取得巨大的成就，尤其是他的母亲。无论阿华在班级考试中取得何种成绩，他都无法得到母亲的赞扬。哪怕英语考了99，母亲也要追问为什么没考100分；即使他取得了年级第一，等来的也不是赞扬和欣赏，而是被强调不要骄傲，下次保持住。如果阿华成绩有点下滑，母亲连续几天都会阴沉着脸，并加强对阿华的管控，严禁阿华一切的娱乐活动。阿华想满足父母的期待，却感到压力越来越大，越来越疲倦。父母的期望仿佛一个黑洞，这个黑洞让他的内心疲惫不堪，遍布伤口。面对母亲凌厉的眼神和呵斥的语气，他开始质疑自己的价值和存在意义，深深地怀疑父母到底爱的是成绩优异的他，还是他原本的样子？

阿华进入全市重点高中后，实在承受不住内心的压力，多次和父母提出不想上学了。父母完全不能理解，训斥阿华不懂得珍惜学习的时光。但阿华的状态越来越差，无法集中精力，对社交和娱乐也失去了兴趣。随着压力逐渐加重，他感到无助和孤独，情绪低落，失去了对生活的兴趣和动力。无论朋友和老师怎么安慰和帮助他，他都觉得无法摆脱这种沉重的负担。在老师的强烈要求下，阿华父母带阿华看了心理医生，但却只拿了药，也没有复诊。父母坚持让阿华正常上学。

在一天晚上，阿华痛苦不堪，和父母大吵一架，说出多年的委屈和愤恨，可母亲再次责备他不知感恩。阿华的思绪混乱，觉得自己无法再忍受这样的压力和绝望，他跑到阳台上，凝视着下面的深渊，一种冲动让他想要跳下去，以摆脱一切痛苦……

抑郁症的自杀风险

阿华的故事让人揪心，但却不是个例，我国每年都有多起青少年因不堪压力自杀的新闻。抑郁症的典型症状之一是觉得生活没有意义，而重度抑郁症患者则会感到绝望无助，认为生不如死，度日如年，甚至出现结束自己生命的念头。

在自杀意念方面，重度抑郁症患者中出现这种念头的比例远高于轻中度抑郁症患者。他们常常表现为悲观厌世、绝望，并伴随有严重的自杀企图，甚至实施自杀行为。

因此，当发现孩子有抑郁的倾向时，我们不能拖延，不要像阿华一样错过了最佳治疗时机。他的抑郁症逐渐加重，直到最终与父母发生激烈争吵并实施跳楼的举动。然而，在这之前，他已经秘密地酝酿着自杀的念头很长一段时间，却没有得到足够的重视。

小提示

专业心理工作中自杀风险评估工作

自杀风险评估在专业治疗或心理咨询时是一项非常重要的工作。咨询师会对所有抑郁患者做自杀风险评估。咨询师会询问患者及家属当前的自杀意念和行为、既往的自杀意念和行为，以评估严重等级，是否需要突破保密条例。这样做有以下好处。

1. 识别高风险群体：通过评估，咨询师可以识别出那些可能在短时间内实施自杀行为的患者，以便采取及时的干预措施。

2. 提供紧急干预措施：评估后，咨询师可以根据患者的自杀风险程度来制定有针对性的紧急干预计划，包括建议患者寻求医疗帮助、提供紧急联系人信息等。

3. 确定适当的治疗方案：通过自杀风险评估，咨询师可以了解抑郁症患者的病情严重程度，并据此制定适当的治疗方案。对于高风险患者，可能需要采取更紧密的监测和干预措施，例如药物治疗、心理治疗等。

在孩子接受心理咨询之前，为了应对孩子的自杀意念，咨询师会和孩子签署不自杀约定作为治疗的前提。约定中，孩子需要承诺，如果自杀愿望强烈，可以给咨询师或紧急联系人打电话，而不采取任何伤害自己的行为。如果孩子认为无法做出承诺，可以考虑住院治疗。

这也是本书不断强调要带孩子进行心理咨询/心理治疗的原因，专业治疗能够在降低孩子自杀风险方面提供更有力的保障和支持。

家庭版危机预案

生命高于一切，抑郁症自杀风险的严重后果是每个家庭的不可承受之痛。我们要防患于未然，提前了解如何应对这类突发事件。我们可以借鉴学校制定心理危机应急预案的做法，来建立家庭版的应急预案。

小提示

学校对自杀倾向的学生的干预措施

一旦发现或知晓某生有自杀意念，即该生近期有实施自杀的想法和念头，学校应立即采取以下措施：

1. 立即将该生转移到安全环境，并成立监护小组对该生实行24小时全程监护，确保该生人身安全，同时通知家长到校；

2. 报告心理咨询室，对该生的心理状况进行评估或请专家会诊，并提供书面意见；

3. 经评估认为该生住院治疗有利于其心理康复的，学校应立即通知家长将该生送至专业精神卫生机构治疗；

4. 经评估认为该生回家休养有利于其心理康复的，学校应立即通知家长将该生带回家休养治疗。

这也是为何有的家长会突然收到学校的通知，令其带孩子就医或暂时休学。

家庭版危机预案（一）——预防为主，建立求助机制

1. **与孩子共同制定求助计划。**如果孩子有自伤、自杀意念或想法，要和孩子沟通，共同制定求助计划。

● 求助计划中包含紧急联系人的列表，确保他们知道在需要帮助时可以寻求支持。紧急联系人可以包含父母、老师、孩子信任的朋友、心理咨询师。确保孩子的手机里有这些紧急联系人的电话号码。

● 确保这些紧急联系人知道孩子可能会在紧急求助时打电话给他们。需要的话，可以由父母出面和名单上的人沟通。

● 确保孩子同意在他们出现严重的、想要自杀的想法甚至想去实施时，第一时间选择求助。

2. **家长用紧急救助名单。**家长需要保存一份这样的名单，在孩子遇到紧急情况时，一方面可以安抚孩子，另一方面则可以紧急求助。建议这份名单包括以下内容。

● 孩子信任的心理咨询师：专业的心理专家在紧急情况下能够采取合适的处理方式和言辞。

● 附近的消防部门和医院：以防万一，在有紧急的情况发生时，可以及时采取保护和救护措施。

● 心理求助热线：在没有心理咨询师或无法联系到心理咨询师的情况下，可以临时使用心理求助热线进行咨询和寻求支持。

3. **确保预警信号能被识别。**确保和孩子接触较多的所有成年人都

熟悉所有自杀预警信号。这里的成年人除了家人外，也包含孩子的老师，以便在学校也有人可以及时觉察孩子的危险信号。

预警信号有哪些？

有的孩子会通过释放自杀信号来求助，但有些孩子却会隐藏自己自杀的意图。如果观察到以下迹象，家长需要提高警惕。

死亡表达。他们可能会说一些类似于"我死了算了""我希望自己永远消失""如果我离开这个世界，可能他们会更喜欢我"的话语。也可能是以开玩笑的方式谈及自杀，或者正面谈论死亡，又或者写相关的故事和诗歌。

自残行为。如割腕或其他自我伤害的行为，或者不顾及危险多次因事故受伤。

社交媒体暗示。孩子可能在社交媒体上发表表达自杀意图的帖子或留言，暗示他们想要结束自己的生命。

告别。将贵重财物送人；和朋友家人告别。

计划。做自杀的计划，甚至开始准备自杀的工具、药品。

这些信号一旦出现，家长需要立刻警铃大作，应立即与孩子进行沟通，并寻求专业帮助，如心理咨询师、医生或紧急热线。千万不能掉以轻心，误以为孩子在开玩笑，或者仅是威胁手段而已。

家庭版危机预案（二）——紧急状况发生时怎么办？

如果孩子像故事中的阿华已经激动地跑到窗边，在这种非常紧急危险的情况下，家长应采取一切措施先保证孩子的生命安全。

I. **保持冷静。**尽量保持冷静，这有助于稳定孩子的情绪，为更好地处理危机提供有效支持。

2. **不要离开孩子。**不要离开孩子所在的空间，尤其是高处或易受到伤害的场所，如果必要，可以锁上门窗，或者请求邻居或其他家人帮助保护孩子的安全。确保有人一直陪伴着他，以确保他的安全。

3. 保持沟通。与孩子好好沟通，让孩子知道你在乎他，并且希望帮助他。尽量让他感到被理解，直到孩子离开危险的地方。也可立即让孩子的心理咨询师和孩子沟通。

4. 紧急救助。联系医疗急救、消防救助，以防万一。

5. 与专业人士合作。紧急事件发生之后，家长也要与孩子的医生、心理咨询师紧密合作，共同制定应对策略。他们可以提供更专业的指导和建议，帮助孩子度过这个危机。

在紧急情况下，有一些错误的言辞，绝对不应该说出口，因为这可能会把孩子推向无法挽回的深渊。以下是一些例子。

> "你跳吧，我就不信你敢跳。"
> "你这样做是威胁我，让我内疚，那我和你妈去死！"
> "你这是在给我们找麻烦。"
> "你有什么好伤心的。"
> "你这样是在伤害我们全家。"
> "你是在逞强或装病。"

这些言语要么是指责，要么是在否定孩子自杀背后巨大的痛苦，缺乏对孩子的同理心和理解。家长要避免使用贬低、威胁或指责的言语，而多传达理解、关心和愿意为孩子改变的态度。比如：

> "我们真的很担心你，我们愿意陪着你，我们会一起找到解决问题的办法，你不是孤单的。"
> "我明白你现在非常痛苦。我愿意倾听你的感受，我们一起渡过这个难关好不好。"

> "你的生命对我们来说非常重要，爸爸妈妈在意你的安全和幸福。我们一起找专业人士的帮助，一起走出困境好不好。"
>
> "请相信爸爸妈妈。我们愿意为你提供支持和帮助，无论你需要什么，我们都会尽力满足。爸爸妈妈有什么做得不好的，我们下来好好聊聊。我们愿意认真听。"
>
> "你的感受很重要，你不是一个负担，也不是麻烦。我们爱你，很爱你。我们愿意聆听你的感受和想法，你不用独自面对这一切。"

这些言语的目的在于让孩子感到他在这个绝望时刻不是孤单一人。我们愿意接纳、理解他，愿意和他一起，愿意为他改变，还有希望。

自伤行为及心理机制

故事中的阿华在想要自杀之前，早就出现了持续两年之久的自伤行为，可是父母一直没有重视。像阿华这样的青少年抑郁症患者自伤自残行为的发生率非常高。

什么是自伤行为？

自伤行为的医学名称是"非自杀性自伤行为"，是指在没有自杀意图的情况下，直接、故意、反复伤害自己身体的一系列行为。以下为常见形式：

- 有意割伤皮肤（手臂、大腿等部位划伤皮肤）
- 抠抓皮肤，破坏伤口
- 灼烧自己
- 击打或撞击自己的身体，如用头撞墙
- 撕咬自己的皮肤

通常来说，割伤皮肤是最常见的自伤形式之一。

人性的本能都是趋利避害的，那孩子为什么要自我伤害？从生物本能出发，人们做的行为都是为了让自己"好受"一些。而孩子选择自伤，是因为有比自伤更让孩子痛苦的事情，自伤是孩子唯一能找到的让自己感觉好些的方式。孩子在缺乏更多良性自救方式的时候，只能两害相权取其轻，选择自伤。那么，通常什么样的痛苦会让孩子选择自伤呢？

1. **自我惩罚**。抑郁症孩子内心往往有强烈的自责自罪心理，他们觉得自己不配得到他人的爱，有强烈的自我厌弃感，也常常被强烈的内疚感淹没。这些都是非常消极的感受，当这些情绪太强烈时，自伤就成了一种对应的自我惩罚。

2. **转移内心的冲突或者缓解痛苦感受**。抑郁情绪使得孩子内心非常痛苦，但孩子却无法用言语或其他方式表达这种痛苦，因此用肉体上的痛感来转移注意力，用以缓解精神痛苦。

3. **存在的体验**。很多抑郁的孩子感受到兴趣缺乏、情感缺乏，这种没有起伏、麻木、快感消失的状态，会让孩子感受不到真实的世界，也感受不到自己作为鲜活生命的存在。这时身体痛苦的感受可以帮他们清醒，甚至帮助他确认自己活着。

自伤的孩子并不想死，而是希望获得应有的关注和价值的认同，这更像孩子的一种呼救手段，他们实在找不到更好的方式了。所以很多抑郁症孩子在被老师或心理老师发现自伤行为时，当被告知他们需要帮助并建议告知家长时，孩子第一反应都是点头，他们内心很渴望得到关注、理解和帮助，很害怕被指责和误解。

自杀的背后是一种绝望，是对自己、对生活、对世界的放弃，而自伤是一种求关注、求帮助的方式，这说明孩子还没有完全绝望。所以发现孩子自伤时，父母就要敲响警钟，意识到孩子已经在采用这种方式向我们求助了！

长期康复计划：预防与保健

就像身体其他疾病有治疗期、康复期一样，抑郁症是个慢性疾病，包含急性期、巩固期、维持期等阶段，治疗时长通常在18个月以上，实际需要的时间因人而异。总的来说，这是一个相对缓慢的过程，需要耐心和积极配合，切勿操之过急。

康复的指标包括主要症状均消失，并持续2~3个月没有明显的病理特征，幸福感保持在一个正常水平。抑郁症的康复需要采取综合性的策略，其中包括：

- 积极配合专业治疗
- 建立良好的社会支持系统
- 学习情绪调节技巧、压力管理技巧、自我关爱技巧等
- 学习正向思考方式
- 保持健康的生活方式

此外，还有家庭环境的改善和父母情绪、行为上的支持等，这些措施没有一项是一蹴而就的，都需要家长和孩子持续的努力和改变。这些艰巨的任务在长期康复计划中都很重要，我们也在前文中详述过如何操作。本节我们再补充一些十分有益的策略。对于恢复健康，除了"吃药"，"食补"也很重要，本节内容就类似于"食补"，在后期孩子不再"吃药"后，有些"食补"可以一直持续，成为长久的身心助益。

日常保健策略

抑郁症的孩子一旦开始治疗，就会逐渐感觉好起来。治疗期间有两点要注意：一要告诉孩子对自己宽容点，不要用生病以前的状态来

要求自己，不要太着急；二要鼓励和陪伴孩子动起来，去做一些有益的事情，因为它们能很好地改善孩子的心情。

让我们看看这些有益的事情是什么吧。我们可以从身体、精神两大方面入手。

身体的奇妙补益

运动是对身体最奇妙的补益

兴趣导向。可以鼓励孩子参与他们感兴趣的体育活动。比如，孩子喜欢游泳的话，可以去游泳，而不必逼自己去慢跑；喜欢看电视的话，可以把跑步机放到电视机前边看电视边锻炼。需要做的是尝试不同的运动方式，并找出其中最喜欢并可以坚持的一种。

关系导向。可以陪伴孩子一起进行锻炼，把锻炼身体作为一项快乐的亲子活动。注意尽量以鼓励的口吻，以积极的情绪撬动孩子，而不是指令的、责备式的言语。锻炼本身滋养身体，而亲密互动能滋养心灵，一石二鸟。

多巴胺运动。跑步、篮球、羽毛球、健身操等都属于这一类，这类锻炼能帮助大脑分泌出内啡肽和多巴胺等神经递质，这些神经递质能极大地帮助我们缓解压抑的情绪，常常能让心情愉悦起来。

调息运动。还有一类运动偏静态，像太极、八段锦、瑜伽等，不仅锻炼身体，还会使人心情平和。研究表明，这些运动注重静心、呼吸、心身和谐，可以有效地调整情绪，改善抑郁情绪。

注意：

|．**小步子前进。**从中低强度运动（如步行、短程骑车）开始锻炼，而不要一开始就是高强度运动（如短跑、长跑）。运动不需要每天按时按量地高标准执行，根据当天的感觉进行即可，疲劳的时候暂停也可以。不要逼迫和强求。

2．可实施。 尽量寻找多数日子都能实施的锻炼计划，而不是偶尔进行。需要坚持，但不要太疲惫和痛苦。

3． 在可行和适当的情况下，逐步纳入几次高强度运动，可获得最大的抗抑郁效果。

大自然疗愈

"自然浴"。 带孩子去到大自然中身心放松——可以享受"阳光浴""海滩浴""森林浴"等。研究显示，在大自然中，特别是在树林中休息过的受试者，身体中的交感神经活动水平和压力激素皮质醇水平会下降，血压会降低，焦虑可以得到缓解。

多晒太阳。 当阳光照射到皮肤或视网膜上时，会触发血清素释放；天气越晴朗，血清素释放的水平就越高。所以冬季来临时，会导致一些人患上冬季抑郁症（也叫季节性情感障碍）。

玩泥巴。 和泥土亲密接触，也会影响血清素的水平，所以玩泥巴、玩沙子都让人觉得情绪放松。

规律作息

睡眠充足。 尽量保持规律的就寝和起床时间，确保有足够的睡眠。可以在睡前做些放松的事，比如睡前看书或洗澡，尽量避免那些容易使大脑兴奋的事情，比如看电视或玩电脑。尽量不要白天补觉，白天睡多了，夜晚就难以入睡，夜晚失眠又会让白天疲惫。抑郁症患者的睡眠改善是病情好转的一个指标。过多的睡眠对抑郁症没有好处，但充足的睡眠对身心健康至关重要。

合理的时间安排。 和孩子一起制定每日计划（或者孩子独立规划），包含吃饭、吃药、身体活动、社交和睡眠、家务等。合理安排时间，一定不要安排得太满、太紧凑。如果事项过多过难，孩子在生病的情况下执行起来困难，会加重受挫感，尽量预留充足的休息时间。可以制作一张简易打卡表，每日记录，最开始每天只完成一项都可以，从易到难，完成记得奖励。养成规律的生活习惯可以帮助孩子重拾掌控力。

健康膳食

均衡饮食。确保孩子摄入足够的营养，避免摄入过多的咖啡因和糖分。过量的糖、加工食品中的防腐剂、添加剂可能干扰人体内的化学平衡，导致情绪波动。

适当增加富含维生素D、欧米伽-3脂肪酸的食物摄入量。这类食物包括鱼类、坚果、蛋黄和深色蔬菜等。增加全谷物、蔬菜、水果和天然食品的摄入量。维生素D有助于调节神经递质的合成，包括多巴胺和血清素。欧米伽-3脂肪酸是一种重要的抗炎和抗抑郁营养素。

避免饥饿和暴饮暴食。规律的饮食有助于维持身体内部的生物钟，从而改善抑郁症症状。

精神的奇妙补益

做快乐的小事情。鼓励孩子试着享受一些小事，比如听一首好歌，与朋友交流，在自己的空间里跳舞，或者做手账等。

让孩子尽己所能。让孩子决定什么必须完成，什么可以等待。由孩子决定自己完成的事情，父母尽量不要过度干预，给孩子一定的独立空间和信任。虽然要关心孩子，但不应过度保护。让孩子逐渐学会面对生活中的挑战，这对他们的康复是有益的。

鼓励倾诉。主动倾诉对抑郁症孩子来说可能很难，但家长依然要鼓励孩子和他重要的亲朋好友保持联系，并鼓励孩子试着向自己认为重要的人解释自己正在经历什么，以及对方如何能提供帮助。让孩子体会从亲近的人那里获得理解和支持的感受。如果一时找不到值得信赖的朋友，也可以建议孩子和自己倾吐，可以写日记、发博文等。

积极参与活动。 如果孩子喜欢的学校社团这些有人际互动、需要合作的活动，要多多鼓励。这些活动可以帮助孩子看到自己在团体中的贡献，提升自我价值感。

抑郁症支持团体。 可参加由专业人士带领的抑郁互助小组，鼓励孩子与其他患者交流，互相支持。

提醒吃药。 父母要关心孩子的治疗进展，帮助孩子坚持他们的治疗计划，例如设置服用处方药的提醒。

加油打气。 提醒孩子，随着时间的推移和治疗的进行，抑郁症将会解除。

爱的力量。 抑郁症的康复依赖于周围世界的温度。让孩子知道哪怕抑郁症一直都在，父母对自己的爱也一直都在，不要害怕前路如何。

监测与评估。 建议父母和孩子定期与医生或心理咨询师进行交流，了解病情的变化，评估治疗效果。同时，定期与孩子的心理咨询师进行沟通，了解如何更好地支持孩子的康复。

康复路上的三大阻碍

父母在陪伴孩子康复的过程中，是非常重要的角色。抑郁症是一种长期的压力源，父母也需要寻求自己的情绪出口，要注意自己的身心健康，与孩子一同度过这段困难的时期（详见第四章）。

除了这些有益的"食补"策略，在孩子康复过程中，还有些"有毒"要素会加重孩子的抑郁症状。让我们来了解一下会加重孩子抑郁风险的三大因素，以做到提前防范和规避。

学业压力。 抑郁症可能导致孩子跟不上课业，甚至暂时无法跟上学校的生活节奏。过高的学习压力和期望，可能加重孩子的沮丧感和无力感。过多的功课、同伴间的竞争、考试压力、父母过高的期待等都可能加重学业压力。

社交困难。孩子可能会因缺乏自信、自尊敏感、内耗的思维方式等面临社交困难。而由此带来的孤独感和被排斥的感觉可能加重抑郁症状。

家庭关系。不稳定的家庭环境、家庭冲突、冷漠的氛围等都可能增加抑郁症发生的风险。

抑郁症的复发

抑郁症是一种可反复发作的疾病，其复发率因个体差异而异。青少年抑郁症的复发率相对较高，其中大部分是因为治疗的疗程不够。例如，当青少年的抑郁症状解除后，家长可能会开始停药，但如果在疗程未完成时停药，复发率就会非常高。为了预防抑郁症的复发，建议在症状初步消失后，依然进行心理治疗，彻底处理好青少年的心灵创伤，从根基上修复孩子的心理健康。

抑郁症复发的危险因素

不能调控及改变的	可调控及改变的
发病年龄、性别、家族史、遗传、季节、复发史	不良生活事件、应激性家庭环境、负性认知、情绪刺激、药物治疗中断、不良生活习惯、缺乏社会支持

由于抑郁症高复发率的特点，家长要做好孩子可能会再次复发的心理准备。在孩子康复过程中，家长要注意下面三点。

提供持续的支持。即使孩子的抑郁症症状减轻，家长也需要继续提供支持和关注。家长可以定期与孩子交流，了解他们的感受和需求。

早发现早治疗。 如果有复发的迹象，及早寻求专业心理咨询的帮助。专业的治疗和支持可以提供更有效的康复和管理策略。

维持日常保健。 鼓励孩子培养积极的日常习惯，如保持规律的作息时间、参与喜欢的活动、与亲近的人保持联系等。

在心理治疗中预防抑郁症复发也是非常重要的内容之一。在这里提供一个适用于抑郁症患者的自我管理行为量表。这个量表可以帮助孩子进行自我管理，同时评估抑郁干预措施的效果，帮助孩子建立健康的生活习惯和行为模式。

自我管理行为量表

项目	描述	完全不符合	大部分不符合	有时符合	大部分符合	完全符合
（1）情绪管理	我能够有效识别并处理自己的情绪					
	当我有消极情绪时，我知道如何放松自己					
	我能够保持积极的态度，尽管我有抑郁症					
（2）症状监测	我能够定期评估自己的情绪状态和症状					
	我能够记录我的情绪和症状的变化情况					
	我能够留意自己的情绪和症状是否影响日常生活和工作					
（3）健康生活习惯	我保持健康的饮食和规律的作息时间					

项目	描述	完全不符合	大部分不符合	有时符合	大部分符合	完全符合
（3）健康生活习惯	我定期进行适度的运动和锻炼					
	我尽量避免吸烟饮酒和其他不良习惯					
（4）社交互动	我能与他人保持正常的交流和互动					
	当我有情绪时，我能够主动与亲友沟通寻求支持或建议					
（5）应对策略	我知道一些应对抑郁症的策略，如放松技巧、应对思维等					
	我能灵活运用这些策略来应对日常生活中的挑战和压力					
（6）寻求专业帮助	我能主动寻求专业的心理咨询和治疗					
	我能定期与医生讨论治疗进展和状况					
（7）药物依从性	我能够按时按量服用医生开具的药物					

使用说明：请根据你在过去一周内的实际情况，在每个项目对应的"完全不符合""大部分不符合""有时符合""大部分符合"和"完全符合"中选择一个最符合的选项。如果你在过去一周内没有进行过某个项目，请在相应的位置标记"无"。

工具：家庭安全岛地图

这是一份【家庭安全岛地图】，家长可以通过这份图表，把对孩子提供的支持行为的维度和有效度可视化，从而调整接下来的行为。

举例

情绪抱抱：√5分

情绪镜子：＿＿＿＿

情绪出口：＿＿＿＿

其他支持：＿＿＿＿

＿＿＿＿＿＿＿＿

＿＿＿＿＿＿＿＿

＿＿＿＿＿＿＿＿

举例

举例

情绪滋养岛

自尊提升岛

积极行为岛

请在每个岛上写下你已经提供的支持行为，并对其有效度打分（1～10分）。有效度可以根据你对孩子的观察来评估，也建议你和孩子聊聊，听听孩子感受到的支持和有效性。后续实践中可以持续增强那些有效度高的支持行为，低分的行为可改进，也请继续丰富其他支持行为。

举例

举例

突发事件岛

长期康复岛

超越康复——泥泞中开出花

也许现在，你和孩子正陷于抑郁症反复折磨的痛苦中，你们仿佛在黑夜中前行，不知黎明何时来临。但请相信，等度过这段时光，再回望，会发现曾经在泥泞中的挣扎和困顿也已经转化为新的养料，孕育出新的生命之花。

更易满足，珍惜幸福

更加坚韧

内在成长和自我发现

更有悲悯心和同理心

说这些好处，并不是为了"歌颂"抑郁症带来的痛苦，如果可以选，没人愿意生病。但当天不遂人愿，当这份痛苦降临到孩子和家庭中，我们只能把它当成既定事实——命运既然无可躲避，那就直面它！不妨抱有这份希望感，把抑郁症的经历当成漫长人生中的一次特殊经历，把自己想象成人生小说的主角，看看自己如何经历这番痛苦，如何突破困境，未来的人生又会怎样。可能这样的视角能够稀减轻一部分痛苦，同时让我们着眼于自身的探索和成长。

最后，希望每一个受抑郁困扰的孩子和家庭，都可以像挑战游戏里最难的"关卡"一样，一次又一次坚韧不拔，最终获得经验值和宝盒。祝愿每个孩子都能将生命中的伤痛转化为力量和资源，在生命中的泥泞中开出艳丽的花朵。

第四章

家长心态急救篇：

慌乱父母的定心丸

　　大众心中对抑郁症还存在很多认识不足甚至认知误区。在这种情况下，从得知孩子生病到治病的过程，父母往往也会经历一系列心理困难和实际困难。需要理解和关怀的不仅是孩子，还有承担照顾责任的父母。本章将从父母的角度出发，谈谈父母需要的心理支持和心理成长。

父母也需要心理支持：心态比什么都重要

李先生和王女士的女儿小芳本来是一个活泼开朗的女孩，最近越来越沉默寡言，整日愁眉苦脸。夫妻俩意识到小芳可能陷入了抑郁之中。

李先生和王女士感到无助而焦虑。他们试图了解小芳的内心世界，但小芳总是回避他们的提问。他们开始自责，怀疑自己是否犯了什么错误，是否没有给予女儿足够的关爱和支持。心急如焚的他们感到自己束手无策，不知道如何帮助自己的孩子。有时孩子也会发泄自己的情绪，抱怨父母的过失，这让他们更加无力。

好在他们找到了合适的医生和心理咨询师，然而，他们也尽力配合，但是小芳的病情却还是会反复。一年来，孩子的抑郁仿佛一个漫长的雨季看不到尽头。他们的心情逐渐沉重下去，一种由内而外的疲劳开始侵蚀他们的内心。他们变得越来越焦虑和紧张，整日为小芳忧心忡忡。王女士开始动不动就流泪，责怪自己没有成为一个好母亲。李先生则变得暴躁易怒，常常与王女士争吵，无法控制自己的情绪。

这些困境心态逐渐影响到小芳。她察觉到父母的不安和自责，感受到他们的焦虑和紧张。这让她更加封闭自己的内心世界，不敢和父母敞开心扉。她担心自己给父母带来负担，同时也感到自己无法得到理解和支持。

李先生和王女士逐渐意识到，他们的心态比他们所做的事情更重要。他们明白他们需要改变自己的心态，以更好地支持和帮助小芳。他们开始主动寻求心理支持的途径，咨询了心理专家，并加入了一个互助小组，与其他经历相似的家长交流。

父母的困境

如果孩子突然间上吐下泻还发热，我们可能会立即送孩子去医院，并且过程中心急如焚、慌乱不安。到了医院后，当医生告知我们是食物中毒，只需要打一天点滴时，悬着的心才会放下。轻微的身体病症都会让我们慌乱，更何况抑郁症这种复杂的心理疾病。

虽然本书已尽可能详细地介绍了从发现孩子生病时如何立刻采取行动并寻求专业帮助，以及在康复过程中如何采取长期行动维护孩子的心理健康，但在实际生活中，整个过程中的复杂性、艰难程度，无法通过一本书就完全描述。比如找咨询师时经历的寻找、是否匹配和需要更换的困惑，看病面临的经济压力，面对外人不理解的委屈，孩子暂时不上学的焦虑和担忧，对孩子未来生活的恐惧，尽力却依然被孩子责备的挫败，病情反反复复对心力的折磨……在照顾孩子的同时，家长也承受了很大的身心压力。不仅孩子痛苦，对于关爱孩子的父母来说，这也是一个辛苦煎熬的过程。而这个过程又极易引发看护者疲劳，让父母感到身心俱疲。因此需要支持的不仅仅是孩子，父母也需要理解、支持和照顾。

小提示

　　看护者疲劳是一种由于长期照顾家庭成员引发的情绪和身体疲惫状态，表现为情绪低落、易怒、焦虑、抑郁等心理症状，以及身体疲劳、睡眠质量差等生理症状。

父母的心态对孩子的影响

患有抑郁症孩子的父母，身为照顾者，心态上一般会经历以下几个阶段。

震惊和否认阶段。 当父母意识到孩子可能患上抑郁症时，他们常常会感到震惊和不可置信，不愿意接受现实。他们可能会试图否认孩子的问题，希望这只是暂时的情绪波动，而不是严重的健康问题。

自责和负罪感阶段。父母往往会责怪自己，认为自己是孩子抑郁的原因。他们可能回想过去的行为，寻找自己是否犯了什么错误，未能给予孩子足够的关爱和支持。他们感到自己无能为力，背负着沉重的负罪感。

焦虑和担忧阶段。父母担心孩子的未来，担心他们的幸福和成长。他们可能会为孩子的康复和学业问题而焦虑不安。他们的思维常常被消极的想法和担忧所占据，无法放松和享受当下的生活。

绝望和无助阶段。面对孩子的抑郁症，父母可能感到无助和绝望。他们觉得自己无法改变孩子的状况，无法解决问题。这种无助感可能导致他们情绪低落，产生消极的心态。

接受和寻求支持阶段。随着时间的推移，父母开始接受孩子的抑郁症，并寻求专业支持和帮助。他们意识到他们不能独自应对问题，需要专业人士的指导和支持。他们开始加入互助小组，与其他家长分享经验与情感，并学习如何更好地照顾自己和孩子。

这些心态阶段并非固定不变，每个家长的经历可能会有所不同。了解这些常见的心态阶段可以帮助父母更好地理解自己的内心世界，并寻找适当的支持和帮助，从而更有效地应对孩子抑郁症带来的挑战。

在这个过程中，如果父母的消极心态过重，且迟迟无法排解，也会影响孩子的康复。比如，我们的焦虑和自责会传递给孩子，增加他们的负担和压力；我们的绝望和无助会影响我们对孩子的支持和理解，让他们感到没有安全感和支持。而且当我们的心态底色是过度的焦虑、无助、委屈和慌乱时，也会影响我们陪伴技巧的使用效果。就像一个心神稳定、充满底气和信念的人说出"我爱你"，和内在充满焦虑和担忧的人说出"我爱你"时，我们感受到的爱意和滋养是完全不一样的。

我们要理解，心态好比做什么都重要。积极调整我们的认知、情绪、整个人的状态，因为我们就是孩子的康复环境中最重要的支持。当我们的心态转变了，很多行为做法自然而然就是对的。

那么，好的心态是什么样的？什么样的心态可以对孩子起到积极影响？一般而言，积极的父母心态包括：理解和接纳孩子的困境，相信孩子的潜力和康复能力，保持积极的态度和乐观的信念，以及有精力提供持续的支持和关爱。这些心态能够鼓舞孩子的信心，增加他们的动力，帮助他们更好地应对抑郁症。

慌乱父母如何安心

父母也是人，也需要成长和改变、支持和照顾。下面我们将从认知升级、情绪照顾、寻求社会支持三个方面提供实用策略，帮助父母更好地处理自己的情绪，培养积极的心态，并以更强大的内心去支持孩子。

在这趟充满挑战的旅程中，请坚守父母的角色，相信自己的能力和力量，积极利用一切资源，尽量塑造和保持积极的心态，相信自己的努力和支持将为孩子的康复带来积极的影响。

父母版认知升级

当孩子遇上抑郁这头紧追不放的怪兽时，孩子面临着极大的挑战，而这对要照顾和陪伴孩子的父母来说，同样是巨大的挑战。面对这挑战，我们需要及时调整心态，升级认知，这样方能更好的应对这份困境，而不是被这份困境卷入焦虑和无助之中。当我们的认知"更上一层楼"时，我们也许可以在抑郁的迷雾中为孩子投下一束小小的光——路虽艰难，但有方向和希望。

认知升级——接纳事实，做好攻坚准备

当人们面对突如其来的事件，往往需要一些时间来反应——发生了什么具体的情况，当下的影响是什么，之后还可能发生什么——当我们反应过来并接纳现状后，才会讨论具体的应对措施并实施。有时候我们慌不择路地应对并不能取得好的效果，原因也在这儿，因为没有清楚问题的全貌和本质。

抑郁症也一样，我们对它的认知越正确和深刻，越能更好地应对。那么我们如何提升对抑郁症的认知呢？下面提供了四个层面，帮助我们升级对抑郁症的认识。

第一层：接纳病症，而非否认

很多父母在得知孩子抑郁时，第一反应是震惊和难以接受，甚至下意识想要否认这个事实。比如不相信医生所说的，觉得"我的孩子好好的，怎么可能得抑郁症，就是情绪低落过几天就好了""孩子不需要休学或接受专业治疗，不相信问题这么严重"。

小提示

心理防御机制：否认

当人们遇到难以接受的事情或情感时，内心的焦虑痛苦使其想要逃避。这时如果有意识或无意识地拒绝承认这些焦虑痛苦的事件，以此来获取心理上的安慰，这种心理防御方式就是否认。

这种方式可以对我们的心理起到短暂的保护作用，减少痛苦事件的冲击。就像我们面对突如其来的灾难时，往往下意识会说"不可能吧"。

尽管否认在短期内可以提供一定程度的保护和安慰，但长期来看，它可能阻碍个人面对事实、处理问题和自我成长。因此，意识到并面对现实是应对困难和挑战更健康和积极的方式。那我们如何尽快结束否认阶段？

理性层面：学习抑郁症的知识。

当父母主动地了解抑郁症、学习抑郁症知识时，知识扩充的过程会解答我们内心的很多疑惑，这个时候我们的心理空间就会扩大。比如，当我们了解到抑郁症主流的几种治疗方法和疗效时，我们会增加信心，不再害怕孩子得抑郁这件事；当我们了解到一些具体的陪伴方式可以帮助孩子康复时，会提升我们的自主性和胜任感，进而提升行动力；当我们知道抑郁症的症状和影响时，了解到孩子无法听课、起不来床、动不动大哭，都是被抑郁这头小怪兽暂时控制，我们就更能接受孩子种种"匪夷所思"的行为，并且理解这背后的无助和痛苦。

除了知识类书籍，也可以看一些患有抑郁症的作者写的书，增加对抑郁个体感受的体验，深入了解他们的内心，并看到另一番希望。

感性层面：直面痛苦和焦虑。

这点确实非常困难，犹如让一个对水恐惧的人主动跳进水里一样。可是，也只有这样才能克服这份恐惧，只有充分体验痛苦和焦虑，才能逐渐适应它们。而越逃避，痛苦和焦虑就会像雪球一样越滚越大。

如何直面呢？为了避免我们"淹死在"痛苦焦虑的体验里，可以寻求他人的帮助。选择你认为安全的倾听者，可以是伴侣，可以是朋友，说出你的焦虑、担忧、痛苦，袒露你的无助和脆弱。这个过程本身就是一种疗愈，随着诉说和被倾听，你的困扰情绪会逐渐减轻。当焦虑和痛苦不再占满你的内心，你就有心理空间去审视和消化自己的痛苦，有空间去做理性的思考和行动。

当你无法找到安全的倾听者时，心理咨询师会是一个不错的选择，专业的倾听和理解会让你更好更快地接纳自己。

当我们接纳孩子生病的事实时，就可以更快地进入建设性行动的阶段了。

第二层：接纳缺憾，不苛求完美

好不容易接纳了孩子生病的现实，但接下来面对孩子因抑郁发生的改变，且这种改变似乎使孩子偏离了预计的人生轨迹时，我们又开始焦虑。

比如，我们觉得孩子以前很乐观，可现在孩子总是陷在莫名的情绪里无法自拔。看到孩子郁郁寡欢，见了人也不打招呼了，每天不是低着头就是关着门……我们很想做点什么，让那个上进乐观的孩子回来。

又比如，孩子原本爱音乐，爱画画，爱参加社团活动，可是他现在每天瘫在床上，我们非常忧心和焦虑：他的爱好不继续了吗，他不交友了吗，他这样躺着不行啊……

又比如，孩子原本那么优秀，学习成绩好，老师赞赏，他现在因为抑郁，难道真的放弃学习吗？学习落下怎么办？他不再是老师眼里的好学生了，没有各种奖状和评优了，这怎么能行啊……

这种种行为表现，让我们感觉孩子似乎变了一个人，他不再是我们期待的那样子，甚至也没有以前优秀，这种落差和焦虑让我们心慌。于是我们想做些什么，帮助孩子恢复到以前的样子，可是越努力，孩子越不开心，有时候我们用力过猛，还会招致孩子反击，让我们受挫。

可能这是父母最难的一关——承认我的孩子不如我期待的那样

"完美"了，孩子以后也不像我预想中那样发展了。

放下"完美"预设。 抑郁的孩子本就惯性地拿"完美标准""更高期待"苛责自己。如果父母这时候也用这套评价体系，无疑雪上加霜。我们试着暂时放下那些学习目标，放下他人的眼光、给孩子设定的期待，试着接纳孩子的现状——丧失行动力是正常的，没有活力是正常的，失眠或嗜睡是正常的，没办法听课、需要休息是正常的，谁抑郁了都会这样。父母的不评判、不失望会加速孩子对自己的允许。

无条件接纳。 抑郁的孩子最需要的就是真实的自己能够被看见和接纳。这个时候父母无条件的支持和爱意显得尤为重要。我们爱的是孩子本身，而不是孩子身上的光环或优秀的部分。人生没有什么一成不变的"完美"的标准，不如全心全意地陪伴孩子，感受他们的情绪，倾听他们的声音，了解他们真实的"瑕疵"，和真实的孩子联结。

第三层：接纳"慢慢来"，而非一蹴而就

没有哪位父母希望孩子深陷痛苦的泥沼，很多父母前期会特别着急地采取各种行动，期待孩子的病赶紧好起来。但在这个过程中父母容易有不切实际的期望。

比如父母可能希望通过一两次的治疗就能让孩子恢复正常，忽视抑郁症需要长期治疗和支持的事实。再比如，当治疗过程出现曲折，有的家长感觉治疗无效，就想放弃，认为抑郁症根本不可能治愈。再比如，当父母改变了自己的沟通方式和教养方式，就期望孩子能立刻好转。

这些都是父母不太实际的期望，同时也是对孩子生病的焦虑。然而，"冰冻三尺非一日之寒"，抑郁是长时间不良的成长环境、错误的生活习惯和思维方式从量变到质变造成的，十多年得的病怎么可能两三下就好了呢？

保持耐心。打破孩子能够迅速恢复的幻想。治疗抑郁症是一个持续的进程，找到最佳的治疗方法可能需要尝试不止一种药物或治疗方法。我们需要与专业医疗团队合作，给予孩子足够的时间和支持。

放慢脚步。当我们不再执着于马上发生改变，更能容纳暂时的"停滞"甚至"倒退"，我们反而能够看到孩子一些细小的变化，看到家庭关系中微妙的好转。

坚持到底。和抑郁症的对抗，犹如敌退我进，虽然走得慢，但一步步走稳，坚持到底，做好整个家庭长久的、共同努力的攻坚准备。

第四层：树立信念感，另一种角度看人生

当孩子生病后，很多家庭笼罩在抑郁的巨大阴影中，面临着治病的压力，人生似乎被苦难、无望、痛苦压得喘不过气，不知道这何时是个头，父母内心变得消极低沉。这时我们要努力转换到积极视角，看待人生中这一境遇。这意味着我们不仅要升级对抑郁的认知，更要树立一些新的人生信念，升级对人生和生命的认知。

信念1，困境也是礼物。就像古话所说"祸兮福之所倚；福兮祸之所伏"，万事万物都有两面性。当我们用积极视角看待困境时，困境就不再是困难和挫折，而是挑战和机遇。学习用更积极的视角面对抑郁，而非陷在"灾难化"的思维里。父母的自身成长，和孩子更亲密真实的联结，对人生的豁达，可能都是我们在过程中能感受到的。抱有这样的想法，我们可以更好地和"抑郁"这件事共存，转化这件事带来的改变。

信念2，过创造性的生活，而不仅仅是活着。抑郁的到来打乱了原本的生活节奏和计划，这种不得不暂停的状态反而让我们可以停下来重新审视我们的生活：我们可以和孩子一起探索和思考生活的意义，如何生活才是内心最想要的。这种生病式的打断让我们暂时脱离主流生活轨道，反而有空间思考：是不是只有一种活法？我们还有其他活法吗？这

时，基于现实的创造性就启动了。有位抑郁症孩子的妈妈，本来是五百强公司高管，随着对抑郁症的认识和对孩子理解的加深，她受到触动，走上了学习心理学的道路，希望帮助更多像她这样的父母和家庭。

信念3，做生活的勇士。你和孩子在这种情况下，还没有放弃前行，你们已经是生活的勇士了。多肯定自己和孩子，你们的这场旅行，是蜕变，是破茧成蝶要经历的阵痛。而在这个过程中，认清生活本身的困苦后还能葆有对生活的热爱，那就是自己人生的英雄。

认知升级——错误信念修正

在面对孩子抑郁这件事上，父母有时还会陷入一些错误的想法怪圈中，这个怪圈会圈住我们，让我们在原地打转。下面是一些常见的错误信念，我们要及时识别并跳出来。

对抑郁症存有病耻感

如果我们的家人患有糖尿病、高血压……我们很容易向他人说出口发生了什么，并且大概率确定他人听到的反应会是关心、安慰和支持。但是当我们的家人心理生病了，我们却很难开口。我们内心会有一种隐秘的羞耻感，这种病不想让外人知道，而且我们担心他人知情后的反应是不理解甚至背地里歧视。

> **小提示**
>
> **病耻感：**社会公众常常对精神疾病患者及其家属持有刻板印象，甚至对他们有歧视或不公正的行为，这是公众病耻感。而患者及其家属往往也会认同公众对自己的偏见和歧视，因此感到羞耻，从而产生自卑、自责等心理，认为自己低人一等，这是自我病耻感。

病耻感怪圈的影响

延误病情。病耻感会让人隐瞒病情，耽误治疗，有时甚至会被所谓的"神医"欺骗，希望三五天就让疾病消失。

回避社交。因为疾病让我们难以启齿，所以我们倾向于隐瞒，不愿对亲朋好友说出这件事，但是这种回避使我们无法得到有效的潜在支持。

加重心理负担。孩子抑郁本身带来的痛苦已经够多，病耻感无疑又加了一层心理负担。

如何跳出怪圈

主动学习知识。学习是为了去除我们的"自我病耻感"。我们学习了一些基本的心理知识、抑郁症知识之后，就会形成正确的心理健康观念和对抑郁的科学态度，从而打破原有的对疾病的错误认知。

理直气壮地科普。不要止步于自己学习，当我们习得了新的知识和观念后，记得勇于和周围人交流，摆明自己的观点和态度，打破周围人对抑郁的消极刻板印象，尽可能多地让周围人理解和支持。这个过程是在去除"公众病耻感"。当周围的人对这件事的理解越科学，就会越接纳和包容，这相当于在间接地为抑郁的孩子们争取更好的社会空间，有利于孩子康复。

强烈的自责心理

当得知孩子生病后，尤其是生病的部分原因来自教养方式的不当，父母内心会非常自责。本来自责也是合理的情绪，但有的父母深陷自责怪圈中无法自拔，正向的心理能量也一点点被自责啃噬掉。

过度自责的影响

心态崩溃，行动缺失。一定程度的自责可以让人看到自己的不足，愿意承担错误的后果，会积极改变接下来的行为。但过度自责会让人停留在对自己的攻击和对过去的悔恨中，不仅建设性的行动力低下，甚至连心态都处于崩溃状态，更谈不上照顾孩子了。

相互指责。当我们过度归咎于自己或其他家庭成员时，会让原本充满压力的现状变得更糟，从而引发更多的家庭矛盾。

影响孩子的"愤怒出口"。我们如果做错一件事，会有来自现实后果的惩罚。比如，我们不小心撞到了他人，他人会本能地对我们生气，或者对我们回击，我们需要真诚地道歉和解释，并且警惕不再犯。但父母过度自责，就像是我们不小心"撞到"孩子后，我们没有去扶起孩子，而是在原地鞭打和咒骂自己，且力度过大。孩子本来可以自然地责备我们几句，但看到父母这样，他的责备就无处释放了。孩子向父母反馈不是为了让父母更加痛苦，而是希望父母看到自己的伤痛并且有力量抱抱自己。抑郁孩子的"愤怒出口"很重要，但父母过于自责，会让孩子失去这个出口。

如何跳出过度自责的怪圈

接纳现状，承诺负责。调整聚焦方向，让思维指向现在和未来。过度自责有时是因为我们无法接受现实——后果太严重了，超过了自己能力范畴，本能地想逃避。这时我们会说"如果当初我怎样就好了""我已经这么努力了，为什么孩子还是生病"，这是陷入过去的思维方式。要聚焦现在和未来，可以试着告诉自己：事实已然发生，现实现状就是很痛苦，但我不能回避，我愿意承担现在的局面，愿意去寻求帮助，愿意做出调整和努力，我相信这样下去，未来一定有变化。

区分责任。学习合理背责，共同努力。试着在一张纸上列出这件事的所有相关责任对象：包括但不限于伴侣的责任、家庭环境的责任（比如爷爷奶奶）、孩子的先天气质、社会环境的压力等。再深入一层，想想每个维度背后的原因。分析结果不一定客观正确，但这种分析方式可以让我们更全面地看到所有影响因素，意识到自身也受到了各方影响，也需要成长和转变。这时便不用过分自责，而是请大家同心协力，共同面对问题。

行动起来。过度自责会让人无法行动，那就反其道行之，采取任何可能有益的措施，比如生活上多照顾孩子、带孩子一起运动、带孩子旅行等。行动本身会让我们摆脱思想纠结，让事情向前发展。

未来灾难化思维

父母可能过度担心孩子的抑郁症对他的未来产生的负面影响，无法接受孩子因病而休学，害怕孩子落后于同龄人，害怕孩子的未来没有出路等。这种过度的未来灾难化的思维需要纠正。

未来灾难化思维的影响

强调学习，轻视治疗。父母可能过于强调学业成绩的重要性，他们认为只有通过正常的学校教育才能保证孩子的未来成功。因此，他们无法接受孩子因为抑郁症等疾病而休学，甚至有的父母选择中途停药。孩子缺乏足够的休息和治疗，反而加重病情，更加无法投入学习之中。

加重孩子的焦虑。孩子的认知有限，本就对在主流环境下休息这件事充满了迷茫和担忧，这时父母的担忧会传递给孩子，加重孩子的情绪负担和对未来的绝望感。

如何跳出未来灾难化思维的怪圈

探索教育方式。父母需要开放心态，探索适合孩子的教育方式。这可能包括寻找其他教育机会，如在线学习、个别教育和特殊教育等。也可以与学校合作，制定一个适合孩子的学习计划，并提供额外的支持和鼓励，帮助孩子度过这段困难时期。

理解休学的意义。当孩子的病情需要休学时，父母应该理解休学是为了孩子能够得到妥善的治疗和康复，为未来打下更健康的基础，而非因为孩子的懒惰或不负责任。重要的是，父母要关注孩子的整体发展和幸福，而不仅仅是学业成绩。

扩宽对"好未来"的认识。美好的人生不只有考个好大学、找个好工作、成立一个好家庭这一种活法。父母试着拓展对孩子未来的想象，尽可能收集更多丰富的生活案例，参考借鉴他人的成长方式，减轻自己的焦虑。

当然，什么是"生活得不错"，如何定义，标准是什么——这些需要充分思考和探讨。是富有吗，那要拥有多少钱；是有爱人吗，什么样的爱人；是有房子吗，多大的房子……这些标准符合我们的现实吗？可以调高点或者调低点吗？我们能想出多少条实现路径？

当讨论越具体时，未来就越不可怕，因为这些目标是可实现的，而且这些目标的实现路径不止一条。这样的思考和探讨需要不止一次，可以过一段时间就讨论一次，因为随着我们认知和资源的丰富，想法也会改变。而这种探讨过程本身，就会降低对未来的焦虑感。

当父母可以平静而有思路地探讨时，还可以让孩子一起参与，听听孩子的想法。尽量倾听，而非评判否定，因为随着孩子成长，他的想法也会改变。

父母版情绪照顾

王先生的女儿患上了重度抑郁症。女儿最严重的时候，躺在房间连续一个月不出门，每天黑白颠倒，凌晨五六点才入睡，每天都没有食欲，只吃几口就饱了，也不和父母沟通，有时莫名地在房间哭泣……面对女儿的糟糕状况，王先生和夫人特别忧心焦虑，每天寻医问药，但是效果不显著。慢慢地他们也开始失眠、没有食欲，脸上也没有了笑容。

一天早上，王先生本想和妻子将就着吃点剩饭就分头上班和照顾孩子，但王先生看着剩菜，脑海里突然有个声音：如果我们天天这样吃不下去，睡不着，那我和妻子垮了，谁来陪孩子治疗？

于是王先生和妻子商量，从今天开始调整状态，好好吃饭，恢复以前他们晚饭后散步的习惯，不再完全沉浸在孩子生病的焦虑中，好好生活，帮孩子好好治病。

很多父母在照顾孩子的过程中，会将所有的注意力都放在孩子的病症上，而忽视自身的需求和心理健康。然而，父母的心理健康对于提供有效的治疗至关重要。我们应该给自己留出时间，寻找适合自己的放松和自我照顾的方式，也要关注自己的情感和心理状态，保持健康的生活方式，避免情感耗竭和看护者疲劳。当我们用自我关爱的姿态照顾自己，且处在一个自我滋养的状态中，这种好的能量场也会感染到身边人。

情绪升级——自我照顾策略

我们都明白身体健康的重要性，且每个人都有很多照顾自己身体或提升身体素质的策略，比如好好吃饭，作息规律，坚持运动等。每个人都多多少少了解自己的身体特性，并且有符合自己身体特性的健康管理方式。但是你知道自己的情绪特性吗？如果想照顾自己的情绪，你有什么策略？

接下来，我们来聊聊情绪方面的自我照顾策略。

我们会通过对自己身体状态的观察结合看病时医生的反馈，对自己的身体有个大致的了解。照顾自己的前提是了解自己，情绪方面也一样，首先我们要知道在心理和情绪层面"我是怎样的"。

你可以通过多年对自己的了解，或通过看各类心理学书籍，或通过一些人格测试来进一步认识自己。

常见的心理学人格测试：

大五人格问卷（NEO人格调查表）

卡特尔16项人格因素问卷

九型人格测试

气质类型测试

迈尔斯-布里格斯人格类型量表（MBTI）

（各种人格测试的结果，在网上可以查到很多详细的解释和建议。测评结果是一种参考，而不是将人限定的标准答案。）

这里我们通过一个最常见的分类——内向和外向来举例。内、外向最大的不同就是人们获取能量的方式不同。内向者需要一个安静的环境独处恢复能量，而外向者适合通过社交来汲取能量。所以有的人不开心时想要独处，有的人不开心则需要有一帮好友出去玩。如果措施反了，不仅不会得到充能和放松，反而更消耗能量。我们可以通过一些测试来了解自己是内向型的还是外向型的。

下面是内、外向性格的充电清单，请选择适合自己的。

内向型	外向型
● 睡到自然醒	● 组局邀约朋友
● 打扫房间	● 分享有趣的事逗乐在场的人
● 安静看书或电影	● 和朋友、家人旅游
● 晒太阳	● 找同频的人聊天
● 亲近大自然	● 一天随机的城市游览
● 一个人发呆	● 运动健身
● 向三两好友倾诉	
● 慢跑、瑜伽	
● 写日记、画画	

我们要在了解和尊重自己的基础上，形成自己的专属情绪照顾清单。区分哪些活动是一次性的，哪些可以经常做，经常做的可以将时间固定化，形成日常性的充能方式，比如跑步每天早上都可以完成，或者几月一次的短途旅游。

为帮助大家打开思路，这份清单可以从几个方面来着手设计——一是休息，二是运动，三是奖赏，四是亲密联结。前两个方面比较容易理解，我们说说奖赏和亲密联结。奖赏是指对自己的奖励和肯定，用积极正向的眼光看待自己，用宠爱的行为对待自己，比如可以给自己买份心仪已久的礼物，给自己买束鲜花，做一次全身检查，拍喜欢的写真，换个新发型等。亲密联结是指和自己亲密的家人朋友在一起，做一些快乐的小事，或只是静静地陪伴，比如和心爱的人拥抱；和家人翻看老相册，回忆旧时光；和密友相互夸赞，为彼此买个小礼物；和伴侣一起牵手散步等。

充能清单

充分休息	适当运动	奖赏自己	亲密联结	其他

情绪升级——自我觉察

面对孩子深陷抑郁的旋涡，父母也会经历一系列情绪困难：最初的茫然无措，治疗过程中的无助、焦虑、挫败、无望、自责……如果父母每日陷在这些消极情绪中，不仅心里不舒服，身体也会不舒服，轻则失眠、没有食欲，重则导致身体疾病。这样何谈给孩子提供更好的支持和关怀？

那么我们如何不被这些消极情绪淹没呢？

首先，觉察情绪

觉察是一种能力，是在事情发生的当下能够将一部分注意力抽离出来，观察自己，就像用第三视角观察自己的一举一动。为什么觉察可以帮助我们？想象我们在看影视剧时，我们作为第三视角，会和戏中主角的情绪共起伏，理解他，心疼他，但我们不会过度沉浸其中，甚至能给出更好的解决策略。

我们可以使用**觉察三步法**，每日练习，提升觉察的能力。

第一步，按下暂停键，深呼吸，标注情绪。

轻轻地闭上眼睛，把关注点放在呼吸上。随着每一次深深地吸气、呼气，让自己的思维回到最近让自己不舒服的那件事情上来，并确定当时的情绪。

仔细回想一下，让自己重新置身于这件事中——

这件事发生在什么时间、什么地点；

有什么人，都说了什么，做了什么；

你说了什么，做了什么；

你的感受是什么。

认真感受自己的情绪，这是什么情绪？

给它一个名字，愤怒？焦虑？悲伤？委屈？烦躁？失望？求而不得？

选择最强烈的那个情绪，给它命名。

再次回到事件中，体验这份情绪。

用0~10分给自己的难受程度打分，0分最低，10分最高。初步练习时，可以选择中等难受程度的事情回想。

第二步，感受身体，定位情绪。

请从头到脚扫描一下自己的身体，感受这部分不舒服的情绪导致身体的哪些部位或哪个部位最不舒服。

感受这个部位不舒服的感觉是什么。疼痛？紧绷？酸胀？憋闷？麻木？恶心？僵硬？

第三步，关注身体，安抚情绪。

把注意力放在身体不舒服的部位，把手放在这里，感受手的温暖传递到身体上，感受暖意的流动。

深呼吸，随着每一次呼吸，让这个部位慢慢放松、软化。如果这个部位很僵硬，可以从这个位置周围开始放松和软化。

想象一下在这个时候，你最想听到什么话，是谁对你说。想象这个人温柔、慈爱地注视着你，对你说你想听的话。如果想不出来，你可以自己对自己说：你辛苦了，你真的不容易，我知道这件事特别难，你很不容易，承受了很多，我很心疼你，接下来的路我会一直陪着你。

然后，不管现在身体是什么感受、情绪是什么样的，都允许自己体验它们，接纳此刻所有的感受，告诉自己：我接受此时此刻的自己。然后再静静感受一下，在标注、定位和安抚自己的情绪后，现在的感受是什么？

觉察三步法最初可以在每天睡前练习。但随着对这个方法的熟练运用，可以在情绪来临的当下就运用。当你能够在情绪发生当下觉察，意味着你已经在和情绪分离，有空间观察和容纳自己情绪的能力，能从情绪的风暴中拉出自己。

其次，转化情绪

当我们觉察到我们有如此多的消极情绪后，我们也要有意识地释放和转化这些情绪。对待消极情绪，我们既不能随意发泄或过度沉浸，但也不要隔离，不要压抑。我们在第三章讲过情绪就像水流，要疏导和宣泄。如果我们已经积压了很多情绪，怎么让积压的消极情绪流出去，让新的愉悦情绪涌进来呢？

宣泄和释放。 寻找合适的方式宣泄。比如大哭一场、在KTV放声高歌、到高山上吼出来、找朋友倾诉、打拳等。但是要注意，运用这些方法时，要让身体处于舒适的范畴里。比如大哭一场之前，把餐巾纸准备好，确保房间温暖，可以在舒服的床上或者沙发上，准备好温开水，而且哭的时间尽量在20分钟以内。总之，所有的准备都是让身体在舒服的情况下宣泄。

当我们不断地提升自己的情绪觉察能力，且有意识地自我关怀，我们会越来越快地从糟糕的状态中出来，并且充满能量。而这种能力恰恰也是抑郁的孩子需要学习的。所以这也算是我们和孩子一起成长的一种方式了。

父母版社会支持

孩子抑郁了，父母需要给予孩子关怀、理解和支持。可是父母也承担了巨大的压力，同样需要被看到、被拥抱、被关怀。请积极寻找身边可以支持和帮助你的力量和资源，寻找它们，使用它们，永远不要让自己孤立无援，这条路上你不是孤单一人。

构建支持性环境

请使用第二章中提到过的支持系统的思维，尽可能以自己为中心，构建属于自己的支持性系统。以下是常见的四种支持性资源。

专业心理咨询。当我们不堪重负、心理崩溃且无法自我纾解时，请寻求心理咨询师的帮助。心理咨询不仅可以帮我们纾解情绪，提升自我觉察，也是一种有效的安慰和陪伴。这个过程本身是滋养的过程，我们的心理空间会逐渐扩大，能更好地应对生活中的困难。

同行团体。寻找抑郁症患者家属团体，可以在医院的精神科问问医生，或者自己在网上搜索一下，一般会有自发的互助群体的qq群或者微信群；医生或咨询师也可能会组织专业的抑郁症家属团体治疗。认识同伴，会让你感觉你不是一个人面临这些问题，大家都在面对相同的困境，也有着相似的迷茫、焦虑、痛苦。另外，团体中其他成员在面对抑郁症时或许已有一些成功经验，可以帮助你树立信心。和有相似经历的父母聊天，这个过程本身就是一种释放、共情、理解的过程，会增加安全感和力量感。

亲友支持。不要羞于开口和周围人讲，一定要鼓起勇气告诉自己亲近的人。他们会尽己所能地帮助你。这时，你要明确你需要的帮助是什么，谁能提供。比如：需要倾诉，朋友可以提供帮助；需要日常生活照料上的分担，孩子的爷爷奶奶可以提供帮助。总之，努力说出自己的诉求，给他人帮助自己的机会并感谢他人的付出。

公益组织。有时国家或所在社区会有抑郁类或心理类的公益项目。可以去所在社区询问，或者上网关注此类信息。比如"撑伞计划"——抑郁青少年家长心理援助和支持公益项目；有些社区会举办家长互助分享会等。

远离"有毒"环境

我们除了要寻找支持性的资源，也要识别并远离"有毒"的支持或伪支持。

有些人看似在给予建议和安慰，但其实他们的态度和言语对我们有害无利，不管他们是有心或无意，请远离。

"有毒"的声音：

我看抑郁症就是想太多了。你给孩子找点事儿干就行了。

抑郁就是矫情，孩子这么矫情都是你惯的。你们以后不能惯着孩子。

抑郁不是病，想开就行了。我帮你安慰安慰孩子。

看咨询要这么多钱呢，你们可真舍得。这钱不如省下做存款。

听说得了抑郁症一辈子都好不了，你们做好准备。

孩子这样都是因为你们夫妻俩不好，你们当初……（指责）

让这样恶劣的、没有营养的声音走开！要记住，你和孩子只需要关爱、理解、支持，而不需要高高在上的指点、指责。

工具：心态升级对照表

请对照下表，看看面对孩子抑郁时，你自己的心态处于什么阶段，在哪些方面还需要提升。

面对孩子生病的事实，我的心态更接近于……

否认阶段：无法相信。

部分接纳：理性上了解抑郁症，但内心痛苦。

完全接纳：度过了最焦虑痛苦的阶段，做好准备迎接挑战。

面对孩子生病后"不完美"的状态，我的心态更接近于……

无法接纳：担忧孩子不像以前那样"好"了，渴望变回以前。

部分接纳：尝试看见和理解孩子当下真实的部分，但心里忍不住用"糟糕"来评价。

完全接纳：相信孩子会在这个基础上成长为他自己最好的样子。

面对孩子病情的反复，我的心态更接近于……

无法接纳：怎么还不好，怎么又复发了？

部分接纳：理性上知道这是长期的事情，可以安慰自己，但偶尔陷入无望中。

完全接纳：能和抑郁这件事共存，找到带病生活的平衡，并且能看到小的变化和进步。

对于"病耻感"，我的状态更接近于……

还未克服：羞于向他人提及。

基本克服：敢于向周围人诉说并寻求帮助。

超越：可以向周围人科普，有意识地改变他人对抑郁的态度。

关于我的自责情绪，我目前更接近于……

深陷自责：崩溃，无法行动。

建设性自责：开始承诺并行动。

我对孩子未来的担忧更接近于……

恐惧：无法接受孩子可能休学、考不上理想学校的现实。

克服：积极寻找更多可能性，丰富孩子的成长路径。

情绪能量如何？（1～10分）_____

困扰你的情绪是：_____

你的策略是：_____

你对从他人那里得到的支持满意吗？（1～10分）_____

还有哪些支持可以撬动？_____

后记

亲爱的读者朋友们，首先，想衷心感谢你们选择阅读这本书。在撰写这本书的过程中，我们努力将所了解的知识和经验与大家分享，希望能给大家带来一些帮助和启发。

然而，在回顾写作过程时，我们也不得不承认书中存在许多不足之处。首先，由于这是一本工具书，旨在为家长提供一些更易上手的方法，因此更侧重于心理策略和技巧的讲解，但在与家长共情和理解家长心中的沉重感觉方面有所欠缺。我们深感抑郁症所带来的心理负担是沉重而复杂的，家长需要充分地被理解和同情。这正是本书的局限之处。我们希望书中的方法和知识可以减轻家长的沉重感。其次，本书更多地强调了对家长的鼓励，希望家长以昂扬的姿态面对这场挑战，而没有深入探讨如何和抑郁症共存。实际上，治疗抑郁症很需要学会与之共存的心态，"战斗"的姿态可能带来短期的鼓舞和气势，但长期来看可能会让人紧张和疲倦。

最后，谨以此书为契机，我们将继续心理健康领域的工作，为家长和孩子们提供更全面、深入的帮助。衷心希望本书能够给读者朋友们带来一些启示和支持，帮助你们更好地理解抑郁症，理解孩子，理解自己。

再次感谢你们的支持和阅读。